U0111053

大展好書　好書大展

品嘗好書　冠群可期

藝術大觀 7

蘭花

鑑賞小百科

◉翟梅枝　劉景芳　毛文泉　主編

品冠文化出版社

國家圖書館出版品預行編目資料

蘭花鑑賞小百科 ／ 翟梅枝　劉景芳　毛文泉　主編
——初版，——臺北市，品冠文化，2017〔民106.02〕
面；26公分 ——（藝術大觀；7）
ISBN 978-986-5734-60-2（平裝）
1. 蘭花
435.431　　105023594

蘭花鑑賞小百科

主　　編／翟 梅 枝　劉 景 芳　毛 文 泉
責任編輯／劉 三 珊
發 行 人／蔡 孟 甫
出 版 者／品冠文化出版社
社　　址／台北市北投區（石牌）致遠一路2段12巷1號
電　　話／（02）28233123・28236031・28236033
傳　　眞／（02）28272069
郵政劃撥／19346241
網　　址／www.dah-jaan.com.tw
E-mail／service@dah-jaan.com.tw
承 印 者／凌祥彩色印刷有限公司
裝　　訂／眾友企業公司
排 版 者／弘益電腦排版有限公司
授 權 者／安徽科學技術出版社
初版1刷／2017年（民106年）2月

定 價／700元

前言

從古至今，人們常說蘭花珍貴。其意思大概有三層：

一是贊其十分美麗，有觀賞價值，給人美感、愉悅感；

二是指其數量較少，較爲難得；

三是言其價格高，受到大家的追捧。

蘭花的花清雅幽香，葉舒展柔美，加之在過去完全靠自然繁殖，其數量增加緩慢，總體上存量小，因此市場價位一直較高。蘭花的這種社會和經濟屬性，與古玩有幾分相近之處，於是也有了與古玩一樣的保值增值的功用。因此，蘭花也可以說是「綠色古董」「活的古董」。

特別是近些年來，這種情況有所變化：現在的蘭花繁育技術，使蘭花數量增加的速度加快了許多，這在很大程度上減弱了蘭花作爲收藏品的功用。不過，無論採用多麼先進的繁育技術，目前在短時間內驟然增加蘭花的數量也不是那麼容易的。

據報導，蘭花雜交或組培苗從開始繁育至可上市需要三五年的時間。因此，蘭花的價格雖然這些年下降幅度較大，但與其他花卉相比，總體上還是較高的，更不用說新品了。蘭花依然是珍貴的。

蘭花的珍貴基於她的觀賞價值，因此不懂得賞蘭，收藏就無從談起。正如俗話所說，蘭花「識得是個寶，不識是根草」。懂得評判蘭花，是收藏蘭花的基礎。

此外，選購蘭花時還要綜合考慮自己各方面的情況，如個人的審美情趣、經濟條件、栽培水準、對蘭花市場的瞭解程度及當地氣候條件等。有些蘭友重在休閒，喜好傳統經典名品，則以選擇傳統名品爲好；有些蘭友重在投資，追求品種珍稀，則可根據自己的經濟條件，選擇不同價位的下山新品。

值得提醒的是，初入蘭界時，栽培水準較生疏，對蘭花市場不甚瞭解，最好選擇市場價位低的傳統名品。待積累了一定的經驗後，再逐步選購市場價位較高的品種。無論讀者出於休閒還是投資的目的，本書對於讀者賞蘭、選蘭、購蘭都將有所幫助。

參與本書編寫及攝影創作的作者還有：陳前、張寶仙、龔高健、陳進、杜榮洲、謝必應、唐傳琛、黃江林、陳熙、劉守金、張偉、陳懋、劉世景、黃秀珍、張武、陳祿旺、張寶修、劉賽花、陳祿興、黃拔芳、林玲、陳宙、唐優青、錢學由、劉守凱、張寶琴、錢光斌、謝賽英、張清、林咸東、劉彩霞、黃成烽。在本書編寫過程中，得到了廣大蘭友的大力支持，在此表示衷心感謝。

作　者

目　錄

一、蘭花局部品賞

（一）花朵外瓣鑑賞

蘭花的外瓣即植物學上所說的萼片，指蘭花花朵外圍的三枚花瓣。位於中央上方的一枚稱為主瓣，兩邊的兩枚稱為副瓣或肩瓣。外瓣是蘭花花朵的重要組成部分，也是品賞的主要對象之一，其品位的高低在很大程度上影響了蘭花整體的品位。

圖1-1-1　主瓣直立（春蘭綠珠蝶）

1. 外瓣鑑賞主要術語

（1）主瓣直立

主瓣挺直豎立，不向前或後拱垂。（圖1-1-1）

（2）主瓣蓋帽

主瓣向前拱彎，如帽狀蓋在捧瓣的上方。此為向內收斂形態，寓意謙卑、有內涵，為最佳形態。（圖1-1-2）

圖1-1-2　主瓣蓋帽（春蘭綠英）

（3）尖頭

瓣體頂部較尖銳，大多數普通蘭花為此形態。（圖1-1-3）

圖1-1-3
尖頭（寒蘭素花）

（4）圓頭

瓣體頂部呈圓弧形，形態佳，梅瓣花多為此形態。（圖1-1-4）

圖1-1-4
圓頭（春蘭萬字）

（5）收根

自瓣幅中央部位向外瓣基部（即瓣根）逐漸收窄，與寬闊的瓣體形成反差，較有美感，為理想形態。（圖1-1-5）

圖1-1-5
收根（春蘭紅宋梅）

（6）放角

從外瓣基部開始瓣幅不斷放大，至頂部急收尖，在瓣的兩邊形成兩個鈍角，荷瓣花多為此形態。（圖1-1-6）

圖1-1-6
放角（春蘭大富貴）

（7）緊邊

外瓣瓣緣微呈內捲狀，邊緣似有增厚之感。江浙傳統梅瓣花多緊邊。（圖1-1-7）

圖1-1-7
緊邊（春蘭天祿）

（8）著根結圓

兩相鄰外瓣基部形成近似一個圓的弧形。（圖1-1-8）

圖1-1-8
著根結圓（春蘭集圓）

（9）副瓣拱抱

外瓣向前拱抱。此為向內收斂形態，寓意謙卑、有內涵，為最佳形態。（圖1-1-9）

圖1-1-9
副瓣拱抱（春蘭汪字）

（10）外瓣飄皺

外瓣不平整。呈褶皺狀。（圖1-1-9）

圖1-1-10
外瓣飄皺（春蘭松雲梅）

（11）外瓣翻捲

外瓣向後捲曲，一般認為係不理想形態。但全花花瓣翻捲如百合花者，亦有美感。（圖1-1-11）

圖1-1-11
外瓣翻捲（春蘭巧百合）

(12) 平肩

兩副瓣在同一水平線上，為理想形態。(圖1-1-12)

圖1-1-12
平肩（春蘭賀神梅）

(13) 飛肩

兩副瓣向上翹，不在水平線上。(圖1-1-13)

圖1-1-13
飛肩（春蘭昌化梅）

(14) 落肩

兩副瓣稍向下傾斜，不在水平線上，為不佳形態。(圖1-1-14)

圖1-1-14
落肩（春蘭新春梅）

(15) 大落肩

兩副瓣向下垂，給人無精打采之感。（圖1-1-15）

圖1-1-15
大落肩（春蘭新蕊蝶）

(16) 竹葉瓣

外瓣狹窄，形似竹葉。普通蘭花多為竹葉瓣，觀賞價值低。（圖1-1-16）

圖1-1-16
竹葉瓣（春蘭蒼岩素）

(17) 雞爪瓣

外瓣比竹葉瓣更為狹窄，形似雞爪。觀賞價值比竹葉瓣更低。（圖1-1-17）

圖1-1-17
雞爪瓣（寒蘭新品）

(18)桃瓣

副瓣頂部側向尖出，瓣形呈桃形。(圖1-1-18)

圖1-1-18
桃瓣(春蘭翠桃)

(19)蟬翼瓣

外瓣瓣體增生如蟬翼狀物。(圖1-1-19)

圖1-1-19
蟬翼瓣(春蘭撲風翼)

(20)色瓣

外瓣瓣體色澤特別豔麗，為色花外瓣。(圖1-1-20)

圖1-1-20
色瓣(豆瓣蘭九州紅梅)

圖1-1-21　藝瓣（春蘭陽春銀霞）

（21）藝瓣

外瓣瓣體具有兩種色澤，多呈爪藝或覆輪藝狀，為複色花常有的瓣體。（圖1-1-21）

圖1-1-22　外瓣以短闊為佳（春蘭天一荷）

圖1-1-23　外瓣狹長，則品位不高（春蘭宜春仙）

2. 外瓣鑑賞

蘭花的外瓣，就其瓣體形狀而言，一般越短越寬越佳，即以短闊為佳。瓣頂部以圓頭（梅瓣花）或鈍尖（荷瓣花）為佳，以銳尖為劣。瓣根部以收根為佳，這樣全瓣方顯出優美的曲線；相反，瓣根部寬大，則欠美感。外瓣拱抱、緊邊，主瓣蓋帽，瓣體稍向前傾，有含蓄之美；反之，外瓣飄皺或翻捲，傳統鑑賞理論認為，欠端莊，過於張揚，為下品。但多瓣奇花（如牡丹瓣奇花）、百合瓣花，外瓣翻捲，顯得全花舒展飄逸，觀賞價值高。就兩個副瓣的搭配而言，平肩、飛肩的，花朵顯得精神抖擻；而落肩或大落肩的，花朵給人無精打采之感。（圖1-1-22至圖1-1-25）

圖1–1–24
外瓣拱抱且圓頭、緊邊、收根，顯得雅典含蓄，具古典美（春蘭賀神梅）

圖1–1–25
多瓣奇花外瓣翻捲，花朵舒展大氣（春蘭天彭牡丹）

就外瓣的色澤而言，江浙地區傳統鑑賞理論以綠色為佳，其中以嫩綠為第一，老綠為第二，黃綠次之，赤綠更次。質感以糯質為好，色澤昏暗為次。現在得到認可的色瓣、藝瓣，則以色澤明麗、對比度強為佳。（圖1-1-26、圖1–1–27）

圖1–1–26　江浙傳統名品以色綠質糯為貴（春蘭綠英）

圖1–1–27
日本色花色澤美豔，但欠香氣（春蘭緋牡丹）

（二）花朵捧瓣鑑賞

捧瓣即外三瓣內側，相對豎直合攏的兩枚短瓣，一般比外三瓣略短。

1. 捧瓣鑑賞主要術語

（1）起兜

也稱白頭、白峰，即捧瓣頂部邊緣肉質增厚，並向內扣，形似兜。現代植物學認為這是雄性化現象。（圖1–2–1）

（2）硬捧

捧瓣頂部增厚較為明顯，即雄性化程度較高。（圖1–2–2）

圖1–2–1　起兜（春蘭羅翠絨梅）

圖1–2–2　硬捧（蕙蘭新花）

（3）軟捧

捧瓣頂部增厚不明顯，有時只是捧瓣頂部略有白邊，即雄性化程度較低。（圖1–2–3）

圖1–2–3
軟捧（春蘭觀音水仙）

（4）半硬捧

捧瓣頂部增厚程度介於硬捧與軟捧之間。（圖1–2–4）

圖1–2–4
半硬捧（春蘭新梅）

（5）蝶化捧

捧瓣色彩和質地均變異成與唇瓣一樣。（圖1–2–5）

圖1–2–5
蝶化捧（春蘭碧瑤）

（6）彩捧

捧瓣色澤鮮豔，但並未蝶化。（圖1-2-6）

圖1-2-6 彩捧（豆瓣蘭黑旋風）

（7）雙捧合抱

兩個捧瓣相向緊挨在一起，蓋住蕊柱。傳統鑑賞理論認為捧瓣合抱有含蓄之美，為上品形態。（圖1-2-7）

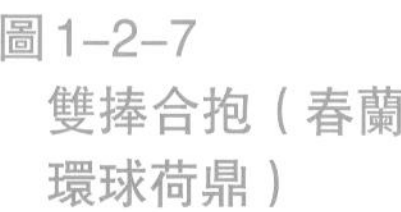

圖1-2-7 雙捧合抱（春蘭環球荷鼎）

（8）開天窗

兩個捧瓣張開，使蕊柱暴露。江浙地區傳統鑑賞理論認為此形態不雅。（圖1-2-8）

圖1-2-8 開天窗（春蘭蔡仙素）

(9)蠶蛾捧

捧瓣起兜，看起來像蠶蛾狀。(圖1-2-9)

圖1-2-9
蠶蛾捧(春蘭綠英)

(10)觀音捧

捧瓣起兜，比蠶蛾捧長些，似神話中觀音菩薩帽沿前端兜形。(圖1-2-10)

圖1-2-10
觀音捧(春蘭龍字)

(11)蒲扇捧

捧瓣短圓，外觀似蒲扇，但瓣背弧度比短圓捧小。(圖1-2-11)

圖1-2-11
蒲扇捧(春蘭西神梅)

（12）蚌殼捧

捧瓣如稍張開的蚌殼。（圖1–2–12）

圖1–2–12 蚌殼捧（春蘭天一荷）

（13）短圓捧

捧瓣短而圓，瓣背弧度比蒲扇捧大。（圖1–2–13）

圖1–2–13 短圓捧（春蘭大富貴）

（14）剪刀捧

捧瓣似剪刀形。（圖1–2–14）

圖1–2–14 剪刀捧（春蘭老文團素）

（15）豆殼捧

捧瓣尖端較圓鈍，瓣肉厚，呈兜狀，形似蠶豆殼前端。（圖1-2-15）

圖1-2-15
豆殼捧（蕙蘭關頂）

（16）罄口捧

兩捧瓣不起兜，稍張開，形似打擊樂器罄的開口部。（圖1-2-16）

圖1-2-16
罄口捧（春蘭翠蓋荷）

（17）貓耳捧

捧瓣前部略反捲，形似直立的貓耳。（圖1-2-17）

圖1-2-17
貓耳捧（春蘭翠百合）

（18）挖耳捧

捧瓣短圓，形似挖耳勺，前端圓形，中後部稍縮小。（圖1-2-18）

圖1-2-18
挖耳捧（春蘭逸品）

（19）全合捧

捧瓣強烈雄性化，與蕊柱合為一體，形成一個「大鼻頭」。（圖1-2-19）

圖1-2-19
全合捧（春蘭翠桃）

（20）尖狹捧

捧瓣狹長，尖頭，為普通蘭花捧瓣形態。（圖1-2-20）

圖1-2-20　尖狹捧（寒蘭外蝶）

(21)五瓣分窠

兩捧瓣各自分開，瓣根基部著生在外三瓣基部匯合處。(圖1-2-21)

圖1-2-21
五瓣分窠(春蘭廿七梅)

(22)分頭合背

兩捧瓣頂部相互分離，而自中部至瓣根基部聯結成整體。(圖1-2-22)

圖1-2-22
分頭合背(蕙蘭程梅)

(23)連肩合背

捧瓣與鼻、舌聯結成塊狀整體，或捧瓣尖端部位與鼻稍有分離痕跡。(圖1-2-23)

圖1-2-23
連肩合背(春蘭白梅)

圖1-2-24　與外瓣、唇瓣相比，此花捧瓣過小，無法蓋住蕊柱（蕙蘭科技草春蕙荷）

圖1-2-25　捧瓣大小適中，規整端莊，圓潤柔美，堪稱上品（春蘭廿七梅）

圖1-2-26　捧瓣凌亂欠規整，為下品（春劍梅瓣）

2. 捧瓣鑑賞

捧瓣的大小、長寬比例、形狀，以及起兜與否、有無蝶化等，決定了捧瓣的品位。

捧瓣以大小適中、與外瓣協調為美。普通蘭花的捧瓣大多尖狹，而上品蘭花則捧瓣短闊、圓潤。長期以來，鑑賞家根據捧瓣的形狀以及起兜狀況，形象地將捧瓣分為蠶蛾捧、觀音捧等，其中以蠶蛾捧、觀音捧、蚌殼捧、短圓捧等為上品，尖狹捧、全合捧等為下品。

捧瓣如起兜，則以適中為好，過分或不足均不可取，即硬捧、軟捧遜於半硬捧。蝶化捧則以蝶化完全徹底且色澤明豔者為上，蝶化不完全或色澤昏暗者為次。（圖1-2-24至圖1-2-27）

圖1-2-27　捧瓣雄性化過強，欠柔美（春蘭紅宋梅）

兩捧瓣相對形態也十分重要。兩捧瓣合抱緊扣，合乎內斂含蓄美的要求，為理想的兩捧瓣相對形態。

傳統鑑賞理論認為，開天窗則如人袒胸露背，十分不雅。但蝶化捧直立或向外翻捲，便於觀賞捧瓣上美麗的色彩，才是理想的捧瓣相對形態。

至於兩捧瓣著生形態，則以五瓣分窠為上品，分頭合背為中品，連肩合背為下品。（圖1-2- 28至圖1-2-30）

圖1-2-28　兩捧瓣合抱，甚有含蓄美（春蘭環球荷鼎）

圖1-2-29　開天窗、落肩等，給人粗俗之感，稱為武相（春蘭史安梅）

圖1–2–30
蝶化捧向外翻捲，充分地展示了蝶斑的美麗（春蘭虎蕊）

（三）花朵唇瓣鑑賞

唇瓣也叫舌瓣（簡稱舌），即蘭花內輪下方如舌狀伸出的花瓣。由於其處於蘭花花朵中央位置，且色彩往往較醒目，因此也是決定蘭花品位的重要鑑賞部位。

1. 唇瓣鑑賞主要術語

（1）劉海舌

唇瓣圓正規整，頂部稍向上，並起微兜，形似仙童劉海額前短髮。由於花期空氣乾濕度或其他原因，唇瓣尖部有時也會呈微垂狀。（圖1–3–1）

圖1–3–1
劉海舌（春蘭宋梅）

（2）大圓舌

唇瓣大且圓，稍微下傾。舌較小者，稱圓舌。（圖1-3-2）

圖1-3-2 圓舌（春蘭翠一品）

（3）如意舌

唇瓣頂端上翹，似玉雕工藝品如意頭狀，且平掛不捲。（圖1-3-3）

圖1-3-3 如意舌（蕙蘭大一品）

（4）龍吞舌

唇瓣硬而不舒，尖部上翹，中部凹陷稍呈兜狀，形似龍舌。（圖1-3-4）

圖1-3-4 龍吞舌（蕙蘭江南新極品）

（5）柿子舌

唇瓣圓而大，前端微尖，似柿子形。（圖1-3-5）

圖1-3-5 柿子舌（寒蘭新品）

（6）執圭舌

唇瓣長方形，前部鈍尖，向前下方伸展且不捲，形似古代帝王諸侯所用的圭。（圖1-3-6）

圖1-3-6 執圭舌（蕙蘭元字）

（7）方缺舌

唇瓣頂部中央呈內凹或微缺狀。（圖1-3-7）

圖1-3-7 方缺舌（蕙蘭鄭孝荷）

（8）大鋪舌

唇瓣比大圓舌大且長，為半長橢圓形，下拖。（圖 1-3-8）

圖 1-3-8
大鋪舌（春蘭新春梅）

（9）大捲舌

唇瓣長而後捲，蕙蘭中常見。（圖 1-3-9）

圖 1-3-9
大捲舌（蕙蘭江山素）

（10）雀舌

唇瓣小而尖，形似鳥雀之舌。（圖 1-3-10）

圖 1-3-10
雀舌（蕙蘭新梅）

圖1–3–11
兜舌（寒蘭新品）

(11) 兜舌

唇瓣直，緊邊且尖部上翹，整個唇瓣呈兜狀，常見於寒蘭。（圖1–3–11）

(12) 直舌

唇瓣較寬而長，且向前直伸而不捲，常見於寒蘭。（圖1–3–12）

圖1–3–12
直舌（寒蘭新品）

圖1–3–13
多舌（蕙蘭新品）

(13) 多舌

唇瓣的數量為兩個或兩個以上。（圖1–3–13）

（14）素舌

唇瓣為純淨的一種色澤，無其他異色斑。（圖1-3-14）

圖1-3-14
素舌（蓮瓣蘭白雪公主）

（15）朱點

唇瓣上綴有紅點，以鮮豔明麗、分佈均勻者為佳。（圖1-3-15）

圖1-3-15
朱點（春蘭後十圓）

（16）一點斑

唇瓣上僅有一個紅斑點。（圖1-3-16）

圖1-3-16
一點斑（春蘭西神）

（17）二點斑

唇瓣上有兩個紅斑點。（圖1–3–17）

圖1–3–17
二點斑（春蘭含笑）

（18）倒品字形斑

唇瓣上三個紅斑點分佈如倒品字形。（圖1- 3–18）

圖1–3–18
倒品字形斑（春蘭龍字）

（19）V形斑

唇瓣上紅斑形似V形。（圖1–3–19）

圖1–3–19
V形斑(春蘭小打梅)

（20）U形斑

唇瓣上紅斑呈U形。（圖1-3-20）

圖1-3-20
U形斑（春蘭環球荷鼎）

（21）元寶斑

唇瓣上紅斑形似元寶。（圖1-3-21）

圖1-3-21
元寶斑（春蘭河姆春色）

（22）心形斑

唇瓣上紅斑呈心形。（圖1-3-22）

圖1-3-22
心形斑（蓮瓣蘭紅舌）

（23）塊狀斑

唇瓣上紅斑面積較大，呈塊狀。（圖1- 3-23）

圖1-3-23
塊狀斑（春蘭文漪）

（24）星點斑

唇瓣上紅斑如星密佈。(圖1-3-24)

圖1-3-24
星點斑（寒蘭兜舌）

（25）苔

唇瓣上附著絨狀物。（圖1-3-25）

圖1-3-25
苔（蕙蘭蕊蝶）

(26) 中宮

由兩片捧瓣、柱蕊及唇瓣組成的花朵中央部分。(圖1-3-26)

圖1-3-26　中宮(春蘭賀神梅)

2. 唇瓣鑑賞

唇瓣形態以短圓、端莊為好,唇瓣過長或過尖,或不規整,或歪向一邊,均為下品。唇瓣應放宕適度,以含蓄內斂為美,稍上翹或平伸均可,捲舌則屬次品。

從古至今,鑑賞家將唇瓣分為許多種,其中以劉海舌、大圓舌、如意舌為佳,大捲舌、雀舌等為劣。但蝶花、多瓣奇花,則以捲舌為好,因為捲舌使花朵顯得更為舒展飄逸。花開久了,唇瓣形狀會改變,觀賞價值降低。

唇瓣的色澤,傳統上以淡綠、白色為好,現在則認為色澤純淨的紅素舌、黃素舌等亦為珍品。(圖1-3-27至圖1-3-32)

圖1-3-27　唇瓣短圓、中宮圓整,美不勝收(春蘭神話)

圖1-3-28　唇瓣凌亂,欠規整,屬下品(春蘭新梅)

圖1-3-29
唇瓣與捧瓣合為一體，近乎沒有唇瓣，缺少美感（春蘭翠露）

圖1-3-30
寒蘭外瓣狹長，唇瓣為重要觀賞點，以闊大為美（寒蘭下山品）

圖1-3-31
花開久了，唇瓣大多往後捲，觀賞價值降低（春蘭大富貴）

圖1-3-32　純淨紅素舌，也得到人們的喜愛（春蘭碧血丹心）

圖1-3-33　外瓣和捧瓣無突出之處，但唇瓣上的紅斑使此花顯得俏麗可人（寒蘭新品）

唇瓣上的朱點以形狀規整、分佈均勻、色澤豔麗為佳，形狀凌亂、分佈無序、色澤暗淡者則為下品。

一點斑、二點斑、倒品字形斑以及元寶形斑、V形斑、U形斑均為理想的朱點。

朱點特殊者，如心形斑，寓意愛心，更是受到人們的推崇。（圖1-3-33至圖1-3-35）

圖1-3-34
全花瓣形優美，可唇瓣上歪向一邊的朱點使其美感大打折扣（春蘭大富貴）

圖 1–3–35
同樣的品種、同樣的瓣形，不同的朱點給人的感覺大不一樣（春蘭翠梅）

圖 1–3–36
中宮怪異，欠圓潤規整，給人邋遢之感(春蘭瑞梅)

至於中宮，以窩緊圓整為佳；如為開天窗、捲舌等，則花形顯得張牙舞爪或邋遢醜陋，毫無美感。（圖 1–3–36、圖 1–3–37）

圖 1–3–37
中宮似蛇張開大嘴，美感頓失（蕙蘭新梅）

（四）花梗鑑賞

花梗又稱花葶、花莛、花莖，其高矮、粗細以及色澤影響著蘭花整體的品位。

1. 花梗鑑賞主要術語

（1）燈芯梗

指蕙蘭的相對於大花顯得較細的梗。（圖1-4-1）

（2）木梗

指蕙蘭的相對於小花顯得較粗的梗。（圖1-4-2）

圖1-4-1　燈芯梗（蕙蘭江南新極品）

圖1-4-2　木梗（蕙蘭程梅）

圖1-4-3　出架（蕙蘭崔梅）

圖1-4-4　平架（春蘭宋梅）

圖1-4-5　不出架（春蘭綠雲）

（3）出架

花梗明顯高出植株。（圖1-4-3）

（4）平架

也稱齊架，花梗與植株高度差不多。（圖1-4-4）

（5）不出架

花梗明顯比植株矮。（圖1-4-5）

（6）抽箭

花梗從苞殼中露出，逐漸長高。（圖1-4-6）

（7）排鈴

古時蕙蘭的幼蕾稱為鈴，現引申為一梗多花蘭花的幼蕾。當花梗抽長到一定高度時，上面著生數朵花鈴，此時稱排鈴。花蕾呈直立狀，緊貼花梗，稱小排鈴；花柄呈水平橫出的排鈴，稱大排鈴。（圖1-4-7、圖1-4-8）

（8）轉莖

一梗多花的蘭花在進入大排鈴期前，花梗上每朵花蕾的花柄橫出生長，花心朝外。（圖1-4-9）

圖1-4-6　抽箭（蓮瓣蘭劍陽蝶）

圖1-4-7　小排鈴（墨蘭大梅）

圖1-4-8　大排鈴（墨蘭天堂鳥）

圖1-4-9　轉莖（建蘭素花）

圖1–4–10　蘭膏（蕙蘭溫州素）

（9）蘭膏

也稱命露。蕙蘭花朵轉莖至盛開時，在花柄末端（靠著花葶處），有圓潤晶瑩的膠凝物，即蘭膏。春蘭中很少見到蘭膏。（圖1–4–10）

2. 花梗鑑賞

花梗的粗細因品種不同而略有差別，一梗多花的蕙蘭花梗一般比一梗一花的春蘭花梗粗點。梗以細圓為好，更顯得花朵嫵媚雅致。如蕙蘭大一品、江南新極品等為燈芯梗，俏麗俊美。但花梗只要與花朵、株形整體協調，仍為上品。如程梅為木梗，挺拔雄健，有壯麗之美。（圖1–4–11、圖1–4–12）

圖1–4–11　柔美的花朵配以纖細的花梗，相得益彰（寒蘭紅花）

圖1–4–12　雄健的花朵輔以壯碩的花梗，有一種力量之美（墨蘭閩西紅梅）

花梗的高度，首先與種類有關，如蕙蘭、建蘭、墨蘭等大多出架、平架，而春蘭出架少或不出架。

一般而言，花出架，風姿綽約，儀態大方；花不出架，略顯小氣，也有礙觀瞻。其實，春蘭花梗只是比植株略矮些，倒也有謙謙君子之風，未必難看。有的人為了觀賞葉叢中矮梗的花朵，將葉片捆紮在一起，反而使整體顯得不自然。其次，花梗的高度與苗的新老、壯弱有關。第三，反季節開花者，其花梗大多不高（圖1–4–13至圖1–4–17）

圖1–4–13
花枝出架或平架，儀態大方，風姿綽約（墨蘭白玉）

圖1–4–14
花梗「潛伏」在葉叢中，實在有礙觀瞻（春蘭簪蝶）

圖1–4–15
如此捆綁，雖便於觀賞葉叢中矮梗的花朵，卻少了些自然的韻味（春蘭小打梅）

圖1–4–16
同樣品種、同樣管理，但不同株，因為苗的新老、壯弱不同，其花梗高度也不同（春蘭環球荷鼎）

圖1–4–17
反季節開花的蘭花，其花梗大多數不高（建蘭大寶島）

至於花梗的色澤，傳統上認為春蘭以青梗青花為上，紫梗青花為佳，紫梗紫花為次；墨蘭則以紫梗青花為上，青梗青花次之，紫梗紫花又次之。總之，梗與花朵以色澤協調者為好。（圖1–4–18）

圖1–4–18
綠花綠梗，素雅秀麗（建蘭大葉鐵骨素）

(五)葉片鑑賞

俗話說「賞花一時，賞葉經年」，蘭花更多時候處於無花期，葉片的鑑賞是蘭花鑑賞不可或缺的組成部分。

1. 葉片鑑賞主要術語

(1)肥環葉

葉片寬厚，且葉姿(即葉片的形態)呈半環形。(圖1–5–1)

(2)垂軟葉

葉質較薄，葉片自基部斜生，至葉中部開始向下彎垂。蓮瓣蘭常見此類葉。(圖1–5–2)

(3)半直立葉

葉片自基部斜生，至葉中尾部稍向下彎垂。(圖1–5–3)

圖1–5–1 肥環葉(春蘭宋梅)

圖1–5–2 垂軟葉(蓮瓣蘭馨海蝶)

圖1–5–3 半直立葉(春蘭大雪嶺)

（4）直立葉

葉片幾乎直立向上。（圖1–5–4）

圖1–5–4
直立葉（春蘭環球荷鼎）

（5）葉藝

與一般蘭花葉片純綠色不同，在葉片上出現黃色或白色的斑紋、斑點或斑塊。（圖1–5–5）

圖1–5–5
葉藝(春蘭加茂日進)

（6）幽靈草

葉片幾乎沒有綠色。（圖1–5–6）

圖1–5–6
幽靈草（墨蘭藝草）

（7）水晶藝

葉片上出現具有透明質感的斑塊、條紋，顯得晶瑩剔透，並且往往伴有葉片褶皺、扭轉。可出現在葉尖，使葉尖呈鳥嘴狀或蛇頭狀，也可出現在葉片的其他地方。（圖1-5-7）

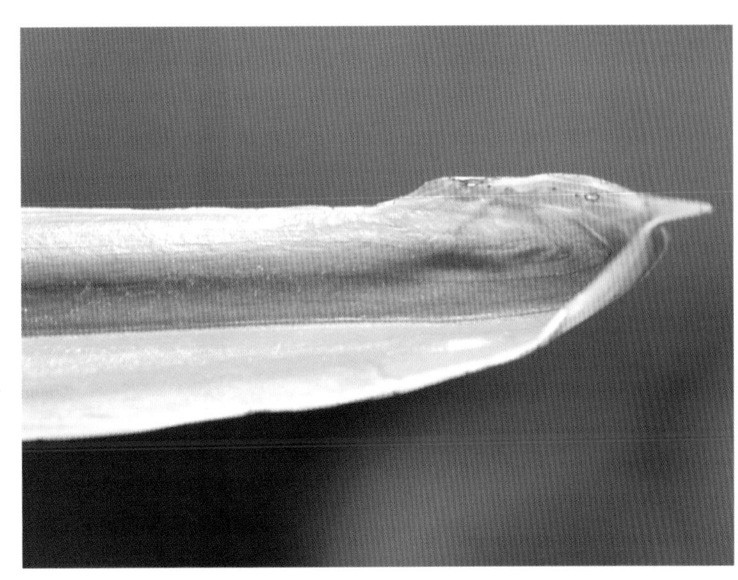

圖1-5-7
水晶藝（墨蘭奇異水晶）

（8）行龍葉

葉片葉質增厚，葉片上出現縱向褶皺。（圖1-5-8）

圖1-5-8
行龍葉（墨蘭達摩）

（9）奇形葉

葉片形態奇異，呈扭曲或彎捲狀。（圖1-5-9）

圖1-5-9
奇形葉（建蘭）

圖1–5–10　葉蝶（春蘭蝶草）

（10）葉蝶

葉片發生蝶化現象，即葉片的形態與色澤變異成唇瓣狀。常發生在心葉。（圖1–5–10）

（11）矮種

與普通蘭花相比，葉片較短，植株矮小，顯得玲瓏別致。（圖1–5–11）

2. 葉片鑑賞

蘭花種類不同，葉片長短（即植高度）也不同。一般蕙蘭、墨蘭、寒蘭等葉片較長，植株較大；春蘭葉片較短，植株較小。植株大，顯得威武雄健，氣勢不凡；植株小，則顯得玲瓏可愛，典雅秀美。因此，葉片或長或短，各有優劣，難分伯仲。（圖1–5–12、圖1–5–13）

圖1–5–11　矮種（春蘭翠蓋荷）

圖1–5–12　蕙蘭植株高大，有士大夫氣概

圖1–5–13　江浙春蘭大多小巧，有精緻之美（春蘭綠雲）

葉或直或曲，難分優劣。肥環葉、軟垂葉，葉姿柔美；直立葉、半直立葉，葉姿陽剛。對此，蘭友們也是各有所好，只要葉形與花朵搭配協調就可以了。（圖1–5–14、圖1–5–15）

圖1–5–14　葉姿柔美，線條優雅，韻味十足（蓮瓣蘭白雪公主）

圖1–5–15
半直立葉，如劍斜出，頗有陽剛之美
（建蘭大葉鐵骨素）

至於水晶藝、葉藝、行龍葉、奇形葉、葉蝶，均為葉片畸變的形式，具有一定的觀賞價值。有人喜葉藝，有人愛水晶，有人追奇形，有人迷葉蝶……總之，蘿蔔青菜，各有所愛，也無高下之分。（圖1–5–16）

圖1–5–16　如此明麗清秀的葉藝，惹人喜愛並不奇怪（春蘭中透）

二、蘭花整體鑑賞

(一)當今蘭花鑑賞觀

不同的人對蘭花的審美觀不同，但美是有規律的。從古至今，人們積累了豐富的蘭花鑑賞經驗，形成許多寶貴的鑑賞理論。同時，美是有時代性的。古人賞蘭以端莊素雅為美，追求含蓄內斂之美。如今，人們觀念開放，個性張揚，在繼承傳統蘭花鑑賞觀的基礎上，又有了新的發展，形成了多元化的鑑賞觀。

這些鑑賞觀有的看起來似乎是相對立的，但卻滿足了不同鑑賞者個性化的鑑賞需求，豐富了當今的鑑賞理論。概而言之，當今蘭花鑑賞觀主要有以下幾點。

1. 含蓄內斂

中國蘭花是一種人格化、人性化的花卉，有關蘭花的鑑賞觀也滲透著道德元素。孔子說：「芝蘭生於深谷，不以無人而不芳；君子修道立德，不為困窮而改節。」以蘭喻德，把對人的道德要求，如謙卑內斂等，轉移到對蘭花的鑑賞要求上。因此，蘭花的形態以拱抱為美，色澤以素雅為佳。這種傳統蘭花鑑賞觀至今仍得到人們的認可。（圖2–1–1、圖2–1–2）

圖2–1–1　瓣緊邊，捧瓣合抱，花形拱抱，含蓄內斂(春蘭老天祿)

圖2–1–2
「蘭以素為貴」，色澤潔淨淡雅的素心從古至今都受到人們的喜愛（建蘭觀音素）

2. 規整端莊

古代道德觀要求做人堂堂正正、言行端正等，折射到蘭花鑑賞觀上，也要求花形端正，不偏不倚，中規中矩。這也符合現代美學的觀點，給人對稱、勻稱、平衡之感。反之，則為劣品。目前，這種蘭花鑑賞觀仍佔據主導地位。（圖2–1–3至圖2– 1–5）

圖2–1–3
花形俏麗、端正，甚有美感（春蘭新梅）

圖2–1–4
花形扭曲，花瓣皺捲，開品低劣（春蘭新品）

圖2-1-5
花瓣淩亂，數朵緊聚，毫無章法，開品差（春劍銀杆素）

3. 開放張揚

近年來，人們的審美觀越來越多元化。就拿人們的服飾來說，色彩從原來單一的藍色、灰色到現在的色彩斑爛，款式從原來的中山裝到現在的西裝、休閒裝，呈現出多元的服飾文化。

蘭花的鑑賞觀亦然，也體現了開放張揚的特點。花色上，鮮豔奪目；花形上，俊逸灑脫。總之，以張揚自我、張揚個性為美。（圖2-1-6、圖2-1-7）

圖2-1-6　色澤濃豔，特別搶眼球的花，也受到一些人的喜愛（豆瓣紅河紅）

圖2-1-7　傳統上這種花當屬下品，如今卻受到追捧（春蘭巧百合）

4. 奇形異態

傳統上以規整端莊為美，以正格（即花瓣數量正常，不多或不少）為上品，如今形態奇異的花也受到一些人的喜愛。這也是當今社會個性化、多元化的表現。

的確，有些花奇中有正、寓正於奇，奇得有特色或奇得有美感，亦可玩賞。（圖2-1-8至圖2-1-11）

圖2-1-8　余蝴蝶花形如菊，是傳統品種中較少的奇花之一（春蘭余蝴蝶）

圖2-1-9　花瓣增多，繁而不亂，寓正於奇，如牡丹盛開（春蘭烏蒙牡丹）

圖2-1-10　大花中生出小花，形態奇趣（春蘭眞龍天子）

圖2-1-11　花瓣逐節排列，花形如樹，饒有趣味（春蘭玉樹臨風）

(二)蘭藝鑑賞

從古至今，人們根據不同時期的蘭花鑑賞觀，積累了許多鑑賞經驗，形成了蘭花鑑賞方面的理論，總結出了蘭花可資觀賞的要素。例如：古代藝蘭家根據含蓄內斂、規整端莊的鑑賞觀，總結出了素花（即全花色澤純一者）、瓣形花（即瓣形觀賞價值突出者）等要素，而現代藝蘭家根據開放張揚、形態奇異的鑑賞觀，總結出色花（色澤特別明豔者）、奇花（花瓣形態或數量非正常者）等要素。

這些要素突出反映了蘭花的觀賞價值，是人們觀賞蘭花的主要方面，也是選育蘭花的主要條件。這些要素也就是蘭花的藝，也稱蘭花觀賞點。蘭花藝體現在花上或葉上，甚至體現在株形上。

1. 梅瓣花鑑賞

梅瓣花最重要的特徵是捧瓣起兜（也稱白峰、白頭）；外瓣頂部圓頭，而不是呈狹尖狀；唇瓣短而圓，不後捲。捧瓣沒有起兜或外瓣非圓頭，絕不可稱梅瓣花。

梅瓣花具有玲瓏雅致之美。捧瓣以軟蠶蛾捧為佳，半硬捧次之，硬捧則較差。外瓣以短圓為佳，外瓣過長則品位不高；外瓣最好緊邊、細收根。唇瓣以劉海舌、如意舌為佳。（圖2-2-1至圖2-2-4）

圖2-2-1
軟蠶蛾捧，劉海舌，外瓣短圓，且圓頭、緊邊、收根，為梅瓣花典範（春蘭宋梅）

圖2–2–2
此花外瓣、唇瓣均佳，唯捧瓣起兜不太明顯，歸為水仙瓣（春蘭西神梅）

圖2–2–3
紅宋梅正常開品為蠶蛾捧，此開品美中不足的是雄性化太強，近乎硬捧（春蘭紅宋梅）

圖2–2–4
外瓣雖圓頭，但過於狹長，品位不高（春蘭史安梅）

2. 荷瓣花鑑賞

荷瓣花最重要的特徵是外瓣短闊（長寬比一般小於2）、收根放角。捧瓣較寬大，不起兜，並呈向內抱狀。唇瓣圓正，可微向下垂或回捲。外瓣太長或捧瓣翻捲，均不可稱荷瓣。

荷瓣花以雍容大氣為美。外瓣、捧瓣、唇瓣均以短圓為佳。捧瓣以蚌殼捧、短圓捧為佳；唇瓣圓正，以大圓舌、大劉海舌為佳。荷瓣的中宮呈圓形為上。外瓣過長者，只能算是荷形花。（圖2–2–5至圖2–2–8）

圖2–2–5　外瓣短闊、收根放角，短圓捧，劉海舌，為荷瓣花的典範（春蘭大富貴）

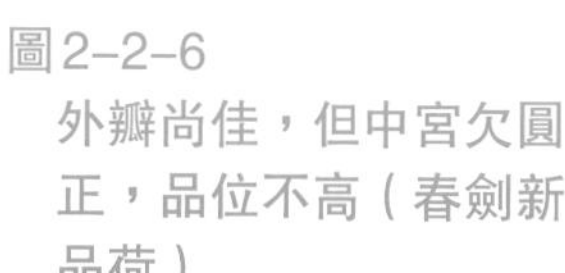

圖2–2–6
外瓣尚佳，但中宮欠圓正，品位不高（春劍新品荷）

圖2–2–7
中宮甚美，但外瓣稍嫌長且稍落肩（春蘭翠蓋荷）

圖2-2-8
中宮尚可，但外瓣過於狹長，只能稱為荷形花（豆瓣蘭新品）

3. 水仙瓣花鑑賞

水仙瓣花最重要的達標條件是捧瓣或多或少有起兜，起兜程度不要像梅瓣那麼高，但至少要有。捧瓣沒有起兜絕不可稱為水仙瓣。

至於外瓣，一般較梅瓣外瓣長，也不一定要圓頭；對唇瓣要求也不高，可較梅瓣唇瓣稍長，放宕下垂或微後捲均可。

水仙瓣以清秀淡雅為美。外瓣一般還是以稍短闊些為佳，如圓頭則更佳，過長則品位不高。捧瓣合抱，以觀音捧、蒲扇捧為佳。唇瓣過長或後捲過於嚴重，也會降低其品位。

水仙瓣中，外瓣圓頭，花形更接近梅瓣者稱梅形水仙瓣；外瓣收根放角，花形更接近荷瓣者，稱荷形水仙瓣。

傳統上把外瓣飄皺，即外瓣向後翻，瓣頂部如桃形尖皺，捧瓣或多或少起兜者稱為飄門水仙瓣（簡稱飄仙），現在也有人稱其為桃瓣。捧瓣及外瓣均外翻，且捧瓣有明顯雄性化（也稱乳化），花形似百合花形者，現在將其稱為百合瓣。（圖2-2-9至圖2-2-13）

圖2-2-9
外瓣長腳圓頭，捧瓣微起兜，圓舌，清秀可人，為水仙瓣典範（春蘭汪字）

圖2-2-10
外瓣緊邊圓頭，捧瓣稍起兜，有梅瓣花韻味，為梅形水仙瓣典範（春蘭西神梅）

圖2-2-11
外瓣頭尖，觀音捧，大鋪舌，有荷瓣花韻味，為荷形水仙瓣典範（春蘭龍字）

圖2-2-12
捧瓣起兜，外瓣頂部外翻，為飄門水仙瓣（春蘭新品仙）

圖2-2-13
外瓣及捧瓣均外翻，且捧瓣雄性化，為百合瓣花（春蘭逍遙）

4. 蝶花鑑賞

蝶花的花瓣全部或局部變異成與唇瓣相似，即蝶化、唇瓣化。從植物學上來說，這是一種花朵畸變現象，畸變部分形態和色澤都發生變化。對於蝶花的認定較簡單，只要看其是否有蝶化現象。但也要注意，有時捧瓣上有類似蝶化的彩色斑（彩捧），可是質地沒有發生變化，也容易被誤認為蝶化捧。

常見的蝶花有外蝶和內蝶之分。外蝶，也稱肩蝶，即兩側外瓣發生蝶化。兩側外瓣蝶化部分多在瓣下緣，鮮見上緣蝶化者。內蝶，又叫蕊蝶、捧心蝶，即捧瓣發生蝶化。其中，有的捧瓣完全蝶化且外翻，看起來像是花朵中央勻稱地分佈3個唇瓣，稱三星蝶。有的捧瓣增多一個或兩個，且完全蝶化，看起來花朵中央部位勻稱地分佈4個或5個唇瓣，則稱四星蝶、五星蝶。有的蝶化捧瓣形似貓耳、兔耳、虎耳或豹耳，則形象地稱其為貓耳蝶、兔耳蝶、虎耳蝶、豹耳蝶。偶有外瓣和捧瓣均發生蝶化，稱全蝶。（圖2-2-14至圖2-2- 21）

圖2-2-14
此花兩側外瓣蝶化，為江浙傳統外蝶名品（春蘭珍蝶）

圖2–2–15
捧瓣完全蝶化，花朵中央形成勻稱的三舌狀（春蘭蕊鼎）

圖2–2–16
江浙傳統四星蝶名品（春蘭四喜蝶）

圖2–2–17
花朵中央形成五舌狀，可惜兩個瓣蝶化不完全（春蘭五星蝶）

圖2-2-18　蝶化的捧瓣似貓耳，惹人喜愛（春蘭黑貓）

圖2-2-19　捧瓣蝶化，形似兔耳直立，活潑俏麗（蓮瓣蘭玉兔）

圖2-2-20　捧瓣蝶化如虎耳，虎虎生威（春蘭虎蕊）

圖2-2-21
捧瓣蝶化似豹耳，故稱豹耳蝶（春蘭豹耳蝶）

圖2-2-22　捧瓣蝶斑豔麗，姿態活潑，品位較高（蓮瓣蘭麗江星蝶）

蝶花以俏麗靈動為美。以蝶化程度高、蝶斑規整豔麗者為佳，蝶化程度低、蝶斑凌亂或色澤暗淡者為劣。但近年有一種沒有雜色的素蝶也受到人們的喜愛。

三星蝶上的圖案勻稱，一般來說，其品位要比一般的蕊蝶高。至於貓耳蝶、兔耳蝶等，如其形態色澤顯得俏麗可愛，也有較高的觀賞價值。（圖2-2-22至圖2-2-24）

圖2-2-23　蝶斑暗淡，對比度差，品位一般（春蘭碧瑤）

圖2-2-24　色澤純一的素蝶，別有一種韻味（春蘭伺天歌）

5. 奇花鑑賞

奇花在傳統上並不為人們所推崇，近年來，在新的鑑賞觀影響下，奇花形成了一個欣賞類型。正常的蘭花花朵是由3枚外瓣、2枚捧瓣、1枚唇瓣（舌）及1個蕊柱（鼻）組成的，即共有六瓣一蕊柱。如果一朵蘭花的瓣數多於或少於六瓣，即為奇花。奇花中以多瓣奇花較少瓣奇花更受人喜愛。多瓣奇花，包括多瓣和（或）多舌和（或）多鼻。多瓣奇花常根據其花形而形象地稱牡丹瓣花、菊瓣花、樹形花、子母花等。

牡丹瓣花，即多瓣多舌蝶化奇花，似盛開的牡丹花。與菊瓣花不同之處是舌多，且大多色彩絢麗，具華麗之美。（圖2-2-25）

圖2-2-25　多瓣多舌，絢麗多彩，高品位牡丹瓣花（春蘭飛天鳳凰）

菊瓣花，即瓣數增加甚多的多瓣奇花，且唇瓣和蕊柱往往退化或殘存，花似菊花綻放，具素雅之美。（圖2-2-26）

圖2-2-26
瓣繁，形似菊花盛開，為傳統菊瓣花名品（春蘭余蝴蝶）

樹形花，其主花梗上又著生小花梗，小花梗上又著生更小花梗，如樹枝生長狀；或花瓣著生方式異常，即花瓣並不像正常花一樣從一個點伸展而出，而是花瓣的著生點拉開一定距離，分層而出。樹形花給人奇異別致之感。（圖2-2-27至圖2-2-28）

圖2-2-27
主花梗上又著生小花梗，如樹枝著生，為樹形花（春蘭玉樹臨風）

圖2-2-28
花瓣分層而著生成樹形，為樹形花(春蘭千島之花)

子母花，即一朵花的中央又長出一朵小花，別具趣味。（圖2–2–29）

圖2–2–29　花中有花，為子母花（春蘭眞龍天子）

此外，有些花朵的形態發生變化，如外瓣增生蟬翼狀物（此類花稱蟬翼花），或唇瓣捧瓣化（唇瓣變異成捧瓣狀），或捧瓣、唇瓣萼瓣化（全花五瓣瓣形相同，有人稱同瓣花），等等。其實，蝶花也是這類奇花中的一種，只是其數量較多，一般把它單列為一類。（圖2–2–30至圖2–2–32）

圖2–2–30　外瓣增生蟬翼狀物，為蟬翼花（春蘭大神龍）

圖2-2-31　唇瓣變異成捧瓣狀，加之其為素花，清雅而有趣（建蘭七仙女）

圖2-2-32　唇瓣、捧瓣外瓣化，人稱同形瓣花（蕙蘭欣玉）

從植物學上說，奇花是一種畸變現象，這種畸變如果是由於基因突變引起的，則較為穩定；如果畸變只是環境因素引起的，則不穩定。（圖2-2-33）

並非所有的奇花都有美感，奇而美者才能算是奇花上品。例如：牡丹瓣奇花以絢麗華美、瓣多且不亂者為上品，菊瓣花以瓣繁形美為佳，樹形花、子母花、蟬翼花等以奇而別致、奇而有趣為美。

圖2-2-33
蒼山奇花是一種穩定的奇花，但即便是同株的每一朵花，奇得也未必一樣，饒有趣味（蓮瓣蘭蒼山奇蝶）

6. 素花鑑賞

素花指全花顏色純淨，無其他異色斑點或斑紋，甚至花葶及苞衣顏色也純淨單一，無異色。如唇瓣只有一種顏色，無異色斑點，而外瓣或捧瓣有異色斑點或斑紋，則稱素心或素舌。如唇瓣兩側裂片上色澤不純淨，布有紅暈或紅斑，則稱桃腮素（圖2-2-34）。

因蘭花花朵的色彩大多集中於唇瓣，以吸引昆蟲授粉，因此唇瓣上無異色斑點或斑紋，大多其他部位也無異色。

傳統的素心品種，其唇瓣色澤多為淡綠色或白色，稱綠素、白素（圖2-2-35）。近年隨著濃豔色彩的受寵，唇瓣為純淨紅色、黃色、黑色、紫色者也得到人們的重視，分別被稱為紅素心（簡稱紅素）、黃素心（簡稱黃素）、黑素心（簡稱黑素）、紫素心（簡稱紫素）等；如全花為純紅色、黃色、黑色，則稱紅素花、黃素花、黑素花。（圖2-2-36至圖2-2-39）

傳統觀念以綠素、白素為貴，近年黑素、紅素、黃素因數量較少而頗受青睞。素花色澤越純淨，其品位越高。清朝張光照在《興蘭譜略》中說：「白貴嫩，綠貴勻，紅貴鮮。」

圖2-2-34　唇瓣根部兩側有紅斑，為桃腮素（寒蘭新品）

圖2-2-35　全花翠綠色，為綠素花，常簡稱綠素（墨蘭吳字翠）

圖2-2-36　唇瓣為白色，為白素（春蘭海荷素）

圖2-2-37　僅唇瓣為純淨黃色，為黃素心，簡稱黃素（墨蘭白玉）

圖2-2-38　唇瓣為純淨紫色，為紫素（春蘭紫陽素）

圖2-2-39　全花為純淨鵝黃色，為黃素花（春蘭黃花）

桃腮素品位遜於素心，素心品位遜於素花。此外，素花的品位也取決於其瓣形的品位。如外瓣短圓、捧瓣合抱者，其品位比外瓣竹葉瓣、雞爪瓣，捧瓣開天窗者高。如素花加之梅瓣（稱素梅）、素花加之荷瓣（稱素荷）、素花加之水仙瓣（素仙）、素花加之奇花（素奇）等，其品位自然要比單一的素花高。（圖2-2-40至圖2-2-44）

圖2-2-40　素梅，集梅瓣、素花於一身，其品位自然比普通素花高（春蘭知足素梅）

圖2-2-41　高品位素荷，惜捧瓣開天窗（建蘭素君荷）

圖2-2-42　蓮瓣蘭素花，常色澤透亮明麗，給人聖潔之感（蓮瓣蘭白雪公主）

圖2-2-43　江浙傳統名品，為素仙，有時也開成梅瓣（春蘭蔡仙素）

圖2-2-44　素色牡丹瓣奇花，為素奇，色素形奇，別有韻致（春蘭曹氏牡丹）

7. 色花鑑賞

色花與素花完全不同，它以花朵色澤格外鮮豔而引人矚目。與奇花一樣，它也是現代開放張揚、重奇形異態的蘭花鑑賞觀的體現。蘭花花色大多為綠色、白色，因此，普通的綠色花、白色花不歸入色花，除非其色澤特別純淨，或晶瑩剔透，或溫潤如玉，方可歸為色花。色花以紅色花、黃色花最為常見，還有黑色花等。真正的黑色花很少，大多為紅得發黑、紫得發黑。有的顏色介於兩種顏色之間，如黃中帶紅，呈橙色、金黃色者，稱朱金色花。（圖2-2-45至圖2-2-48）

圖2-2-45　朱金色花色澤美豔，寓意又好，惹人喜愛（春蘭香朱金）

圖2–2–46　此花雖為白色，但色澤晶瑩如雪，可稱白色花（寒蘭）

圖2–2–47　臺灣墨蘭紅色花名品，色澤明豔（墨蘭櫻姬）

圖2–2–48
此花色澤純黑，十分珍稀（春蘭黑鬼）

花瓣上有兩種或兩種以上對比強烈的色彩的花，稱複色花。複色花有兩種：一種兩色分佈於各自的區域，相對獨立，界線清晰。如花瓣邊緣圍繞一圈不同的色彩（稱覆輪花），或花瓣端部邊緣有異色（稱爪藝花），或花瓣中央部分有異色（稱中透花），等等。

另外，兩色呈混雜交融狀態，各自沒有明顯的分佈區域，你中有我，我中有你的花；舌上有特殊形態紅斑如心形斑的花，也可歸入複色花。（圖2-2-49至圖2-2-56）

圖2-2-49　此為黃覆輪花，但此花有些花瓣黃色延伸還不到位（春蘭皓月）

圖2-2-50　由傳統春蘭名品綠雲選育出的黃爪藝花（春蘭綠雲爪）

圖2-2-51　白中透花，清麗秀美（送春天台之光）

圖2-2-52　紅黃綠複色，如夢如幻（蕙蘭彩虹素）

圖2-2-53　紅綠複色花，兩色呈混雜交融狀，嬌媚可人（寒蘭新品）

圖2-2-54　紅心形斑花，白花紅心，俏麗動人（蓮瓣蘭紅舌）

圖2-2-55　此花色彩豔麗奪目，為高品位爪藝花（豆瓣蘭紅嘴鸚鵡）

圖2-2-56　花朵色澤如翡翠般晶瑩，紅綠相映，甚美（豆瓣蘭朱金豆梅）

既然色花以色豔為觀賞點，那麼自然色花的品位就取決於色澤的豔麗、醒目程度（對比）。要像「萬綠叢中一點紅」那樣搶眼球，要有鶴立雞群般的突出和張揚，這樣才是高品位的色花。當然，色花的品位還與色彩的珍稀程度有關係。如黑色花，因其數量極少，就顯得格外珍貴。還有些色彩因其特殊象徵意義也受到青睞，如朱金色花因其色與黃色相似，寓意財富，備受人們喜愛；心形斑花，寓意愛心，也得到推崇。當然，與素花一樣，色花的品位還取決於它的瓣形。梅瓣、荷瓣等的色花，如紅梅、黃荷等，其品位比普通的色花高。（圖2-2-57、圖2-2-58）

圖2-2-57
黃色梅瓣花，嬌美動人
（春蘭黃阿梅）

圖2-2-58　黃色荷瓣花，金光燦爛（春蘭金富貴）

圖2-2-59　蘭花早期中斑藝名品眞鶴（墨蘭眞鶴）

8. 線藝

在一般情況下，蘭花葉片為綠色，但如果葉片發生變異，出現黃色或白色的斑點、斑紋、斑線或斑塊，則稱為線藝。這種線藝的鑑賞源於200多年前的日本。

1904年，日本人在臺灣發現了線藝蘭真鶴，由此在臺灣掀起了線藝熱。改革開放後，臺灣的線藝蘭及其鑑賞理論進入大陸。明麗秀雅的線藝，拓寬了蘭花鑑賞者的視野，得到不少蘭友的喜歡。（圖2-2-59）

蘭花的藝很豐富，變幻莫測，據說單在墨蘭達摩中就有50多種藝。但根據其在葉面上的分佈位置，其大致可分為兩大類，一是分佈於葉尖葉緣上的藝，二是分佈於葉中央的藝。

常見分佈於葉尖葉緣上的藝，有爪藝、鶴藝、冠藝、覆輪藝等。爪藝，為分佈在葉端部並稍向兩側葉緣延伸的藝，葉端部看起來像鳥嘴，故又稱鳥嘴。鶴藝，也稱大鳥嘴，即特大爪藝，藝分佈在葉端部，長兩三公分，其葉緣的藝達到或超過葉長的中部。冠藝，也稱行龍大鳥嘴，即在行龍葉上出現的鶴藝。覆輪藝，藝從葉尖沿著葉緣一直延續到葉片基部，也可以說沿著葉片外緣將葉片「包圍」了一圈，人們常將黃色覆輪藝稱為金邊，白色覆輪藝稱為銀邊。（圖2-2-60至圖2-2-63）

圖2-2-60　形似鳥嘴的爪藝（墨蘭達摩爪）

圖2-2-61
美輪美奐的鶴藝
（墨蘭鶴之華）

圖2-2-62
葉片鶴藝加上行龍，即為冠藝（墨蘭達摩冠）

圖2-2-63
覆輪藝有一種簡約之美
（春蘭加茂日進）

常見分佈於葉中央的藝，有縞藝、中斑藝、中透藝、片縞藝、斑縞藝、蛇皮斑藝、虎斑藝、琥珀藝等。縞藝，即藝呈條紋狀規則地縱向分佈於葉面。中斑藝，即藝如多條較粗較明顯的線條，從葉基部開始向上延伸，但葉片的尖部和周圍保留綠色。藝色白者稱白中斑藝，瑞玉為白中斑藝的代表。中透藝，即除葉尖及葉片兩側保留綠色外，葉片中央均為藝，藝面積大。片縞藝，葉面上的藝面積較大，呈片狀，常佔據半邊葉片。斑縞藝，即藝呈較細的條紋狀，數量多，或獨立或聯合，葉片呈斑駁狀。蛇皮斑藝，即藝呈斑塊狀鑲嵌在葉片上，其斑駁的紋理似蛇皮。虎斑藝，即藝呈斑塊狀鑲嵌在葉片上，斑駁的紋理似虎皮。琥珀藝，即藝為不規則斑塊狀或斑點狀或斑紋狀，呈透明琥珀樣。（圖2-2-64至圖2-2-72）

圖2-2-64　黃縞藝，宛若金絲布葉面，葉片華美（建蘭金絲馬尾爪）

圖2-2-65　品位較高的線藝蘭，縞線粗，藝色明麗（墨蘭泗港水）

圖2–2–66
白中斑藝佳者俗稱瑞玉藝（墨蘭達摩瑞玉藝）

圖2–2–67
中透藝為較高級的藝，亮麗迷人（墨蘭玉松）

圖2–2–68
片縞藝，藝面積較大，常佔據半邊葉片（墨蘭達摩片縞藝）

圖2–2–69
斑縞藝，細斑紋如雲似霧，虛虛實實，有一種神秘感（墨蘭達摩斑縞藝）

圖2–2–70
蛇皮斑藝，斑點散佈，狀如蛇皮（春蘭蛇皮斑藝）

圖2–2–71
高品位的虎斑藝（春蘭守山門）

圖2-2-72 琥珀藝，有一種鋼化玻璃不規則裂開的感覺（建蘭琥珀藝）

大部分線藝蘭的藝從出芽到成苗，都呈現固有的形態。但有些蘭花的藝只出現在葉片的早期（即芽期或幼苗期），後期則消失，此稱為先明性線藝（圖2-2-73）；也有些藝恰恰相反，在早期不明顯，而後期越來越明顯，則稱為後明性線藝。後明性線藝中，還有一種藝完成於後期，但藝不是從無到有，而是在早期呈現其他色澤，經過一番色澤的變化而完成，稱轉覆藝（圖2-2-74）。

圖2-2-73 先明性線藝，小苗為極美麗的中透藝，大苗卻變成普通的青葉（建蘭鐵骨白芽）

圖2-2-74 轉覆藝，小苗時藝色為淡綠，後呈翠綠，最後成苗時形成黃色鶴藝（建蘭錦旗）

線藝蘭的品位取決於其藝的種類及藝色等。從線藝種類來說，爪藝、覆輪藝、縞藝為較初級、簡單的藝，而中斑藝、中透藝、斑縞藝等為較高級、複雜的藝。

高級、複雜的類型，其斑形態更有美感，更耐人尋味。如斑縞藝如雲似霧，變幻莫測，美不勝收。從色澤來說，一般認為，雪白藝（瓷白藝）純潔清麗，品位較高。從產生時期來說，以整個葉片生長期均有藝者為佳，而先明性或後明性線藝的觀賞時間受到一定的限制，故次之。轉覆藝因其色澤的變化饒有趣味，因此也頗受人們喜愛。（圖2-2-75、圖2-2-76）

圖2-2-75　高品位中透藝（春蘭金玉殿）

圖2-2-76　雪白藝清麗冷豔，有冰肌玉骨之感（建蘭鐵骨白芽）

(三)蘭花整體鑑賞要訣

1. 聞蘭香

自古以來，人們十分重視蘭花香氣的鑑賞。孔子對蘭香十分著迷，他甚至說蘭香為「王者香」。可以毫不誇張地說，沒有蘭香就沒有蘭文化。

蘭花的香氣為何受人推崇呢？蘭花的香氣妙就妙在飄忽不定，若有若無，帶有幾分神秘色彩，且清幽醇正，給人特別舒適的感覺。一個「幽」字道出了蘭香的真諦。也正是這種淡淡的幽香，暗合了中國傳統文化的意蘊。因此，國人賞蘭首先賞其香，無香的蘭花是不大受人們喜歡的。這點與日本、韓國的賞蘭觀不同，他們更注重花朵的形與色，對於香氣不太看重。（圖2-3-1、圖2-3-2）

圖2-3-1　洋蘭花碩大美豔，但無香氣，並未得到蘭友的寵愛（洋蘭蝴蝶蘭）

圖2-3-2
目前已選育不少有香氣的洋蘭，但其香氣品質無法與國蘭比擬（洋蘭卡特蘭）

圖2-3-3　江浙春蘭的香氣為幽香代表（春蘭賀神梅）

圖2-3-4　以江浙春蘭為父母本雜交選育出的科技草，其香氣也一樣清幽（春蘭科技草）

圖2-3-5　黃舌寒蘭香氣明顯，且品質也好（寒蘭紅）

中國原產的國蘭，除了豆瓣蘭（豆瓣蘭與其他春蘭、蓮瓣蘭等雜交的品種往往有香氣）以及湖北、河南的一些地區所產春蘭沒有香氣外，大多數蘭花有香氣。但各種蘭花因種類、產地、氣候的不同，其香氣的品質以及濃淡程度是不同的。

江浙春蘭的幽香最為醇正，且香氣恰到好處，「增之一分則太濃，減之一分則太淡」，可以說是蘭香的代表；建蘭、蕙蘭的香氣也不錯，也屬幽香、清香；蓮瓣蘭、春劍的香氣較清淡；墨蘭的香氣則過於濃鬱甜美，難稱幽香。寒蘭的香氣情況較複雜些，大葉寒蘭大多香氣較明顯，細葉寒蘭大多幾近無香；一般黃舌寒蘭香氣較濃，而白舌寒蘭香氣較淡。寒蘭的香氣品質也較為理想，屬幽香類型。（圖2-3-3至圖2-3-6）

圖2-3-6
白舌寒蘭香氣淡，幾近無香（寒蘭新品）

但近年來，隨著蘭花鑑賞觀的變化，一些無香的蘭花，如從日本、韓國引進的色花、線藝蘭，以及產於中國的無香的豆瓣蘭等，因其色澤、花形等特別突出，也受到部分蘭花愛好者的喜愛。（圖2-3-7、圖2-3-8）

圖2-3-7
日本春蘭無香，但因花葉俱佳，也得到部分蘭友的喜歡（日本春蘭）

圖2-3-8
如此高品位的豆瓣蘭，惜沒有香氣，其品位大打折扣（豆瓣蘭三星）

2. 賞蘭藝

圖2–3–9　此梅瓣正格端莊，品位高，堪稱蕙蘭新品中的精品（蕙蘭陶都緣）

一種入品的蘭花，必定有一個觀賞價值較高的觀賞點（即藝），或是花朵的形態（瓣形花、奇花），或是花朵的色澤（素花、色花），或是花朵的形態和色澤（蝶花），或是葉片的色澤（線藝）。這些藝是蘭花最具鑑賞價值的地方，如畫龍點睛之「睛」。

一種蘭花藝的優劣，在很大程度上決定了它的品位高下。例如：一盆梅瓣花，其外瓣的長短、中宮是否圓潤……決定了這一品種的珍貴程度。因此，鑑賞蘭花時，其藝是最需要細細品味的。（圖2–3–9）

通常一種名品只有一個藝，但近年隨著蘭花鑑賞的不斷精緻化，也出現了不少具有雙藝或多藝的名品，即一花雙藝或多藝，或一葉雙藝或多藝，或花葉雙藝或多藝。一花雙藝，即既為瓣形花，又為素花（如素梅、紅荷等）或色花（如紅梅、黃荷等）；或既為奇花，又為素花（稱素奇）或色花（如紅奇等）。一葉雙藝，即在葉片上有兩個或兩個以上的藝，例如既為線藝，又為矮種或水晶藝或葉蝶等。花葉雙藝，即花朵和葉片上均有藝，例如瓣形花出線藝等。（圖2–3–10至圖2–3–19）

當然，一般而言，雙藝蘭或多藝蘭較為難得，其觀賞價值也更高些。高品位的雙藝蘭或多藝蘭，就更為珍稀了。

圖2–3–10
梅瓣花加素花，一花雙藝（春蘭江南雪）

圖2-3-11
素花，亦為奇花，即素奇
（春蘭布衣素牡丹）

圖2-3-12
線藝加水晶藝，一葉雙藝
（墨蘭東方巨龍）

圖2-3-13
矮種線藝蘭，一葉雙藝
（墨蘭達摩）

圖2-3-14　傳統奇花名品，葉片出爪藝，花葉雙藝（春蘭爪藝余蝴蝶）

圖2-3-15　花為中透藝花，葉為中透藝，花葉雙藝（春蘭大雪嶺）

圖2-3-16　不少墨蘭線藝名品，其花色澤豔美，也可說是花葉雙藝（墨蘭玉松）

圖2–3–17　傳統荷瓣奇花綠雲，花出爪藝，葉片出覆輪藝，花葉多藝（春蘭金邊綠雲）

圖2–3–18　達摩為矮種線藝名品，其花也是高品位的複色花，可以說是花葉多藝（墨蘭達摩）

圖2–3–19　花為三星蝶，葉為蝶草，為花葉雙蝶品（蓮瓣蘭大唐鳳羽）

3. 品蘭韻

對於蘭花的鑑賞，人們在順應蘭花自然屬性的基礎上，以人格化、人性化審美標準來欣賞蘭花。人們將蘭花比做花中君子，要求蘭花風骨獨具、神清韻佳、格調高雅。

若蘭花植株或挺拔，或柔美，或柔中有剛；花朵的佈局錯落有致，花朵形態或端正嚴整或突兀新奇，或內斂團抱或張揚飄逸，或簡或繁；花色或素潔或華麗，或豔中有素，總會給人或華麗或淡雅或端莊或奇異的美感，顯得格調不凡、富有神韻。若蘭花植株葉片一副披頭散髮的樣子，花朵佈局雜亂無章，花朵既不端莊也不奇麗，花形落肩過甚或俯開，則給人格調不高、無精打采，甚至猥瑣齷齪之感。（圖2-33-20、圖2-3-21）

圖2-3-20　花枝挺拔，花朵端麗，神清韻雅（墨蘭白玉）

圖2-3-21　此花朵端莊雅致，佈局入格（蕙蘭關頂）

當花神韻的品賞，是蘭花鑑賞中重要的環節，是對蘭花的色、香、形、姿品賞的升華。自然的盆面、與蘭花之形神相配的蘭盆，更能突顯蘭花的神韻。（圖2-3-22、圖2-3-28）

圖 2-3-22　葉片和花朵的線條剛勁有力，給人神清氣爽之感（寒蘭複色花）

圖 2-3-23　花瓣繁多，豐腴富麗，豔而不妖，格調不俗（建蘭富山奇蝶）

圖 2-3-24　瓣多而有序，奇中寓正，典雅飄逸（春蘭烏蒙牡丹）

圖2-3-25　高品位的蝶花「蝸居」在一團雜亂如麻的葉片中，整體感覺欠佳（蓮瓣蘭馨海蝶）

圖2-3-26　形態不佳之奇花，神韻欠佳（春蘭子母花）

圖2–3–27　此蘭花梗短，花俯開，給人無精打采之感（春蘭西神梅）

圖2–3–28　盆面上的天胡荽，增添了自然的野趣（春蘭綠雲）

三、蘭花選購

(一)蘭花的一般選購方式

蘭花作為玩賞品，具有觀賞價值，同時由於其數量有限，尤其是下山新品數量極為稀少，因此也具有收藏價值。對於普通蘭花愛好者而言，主要以觀賞為目的，因此在選購蘭花時，以蘭花的品位和性價比為主要考慮因素。

具體來說，可選擇市場供應數量較大、性價比高的品種，如一些傳統名品，品位相當高，但因數量較多而價格低廉；或者選擇經過市場炒作後，價位回落到較低水準的品種，如春蘭的天彭牡丹，建蘭的君荷，蓮瓣蘭的劍陽蝶、點蒼梅等；或者經雜交育種，新選出的名品（俗稱科技草），這些品種中有些與傳統名品相比毫不遜色，甚至更好，但價位較低。切忌盲目地選購正被炒作、處於高價位的品種。（圖3-1-1至圖3-1-4）

圖3-1-1　江浙傳統春蘭名品，為梅瓣中佼佼者，市場價位較低，值得收藏（春蘭宋梅）

圖3–1–2　臺灣建蘭名品，品位高，卻價廉易養，是初學者理想的選擇（建蘭大寶島）

圖3–1–3　品位較高而價格低廉的科技草，也是普通蘭友不錯的選擇（春蘭科技草）

圖3–1–4　曾經的天價蘭，如今「飛入尋常百姓家」（春蘭天彭牡丹）

圖3-1-5
栽培作年銷花用的低檔蘭花，是風險較小的養蘭投資

圖3-1-6
投資高品位的下山蘭，不但要有投資眼光，而且要有過硬的栽培技術

如果作為投資，則有兩種方式：一種是栽培傳統低價名品，如栽培作為普通家庭節日裝飾用的年銷花，這些品種市場價位穩定，只要栽培技術過硬，達到一定的繁殖數量即可賺錢；另一種是投資高品位下山名品，這需要投資者有辨別名品來源及預測市場走向的能力，風險較大。（圖3-1-5至圖3-1-7）

圖3-1-7
一苗數百萬元的極品蘭花，非一般蘭友所能擁有（蓮瓣蘭素冠荷鼎）

無論是選購下山新品還是選購老品種，蘭花的選購途徑不外乎三種：一是到花卉市場商鋪或四處流動的蘭販子處購買，這是風險較高的方式，經常有一些蘭販子騙了一個地方後換個地方再騙，讓不少蘭友「交學費」；二是向誠信度較高的知名蘭園或蘭家選購，這是最為可靠的途徑；三是從網路選購，網上店家良莠不齊，選擇信譽好的店家也是有保證的。（圖3-1-8、圖3-1-9）

圖3-1-8　當地誠信可靠的蘭家在自然條件下栽培的蘭花，品種有保證，且栽培容易，可放心購買

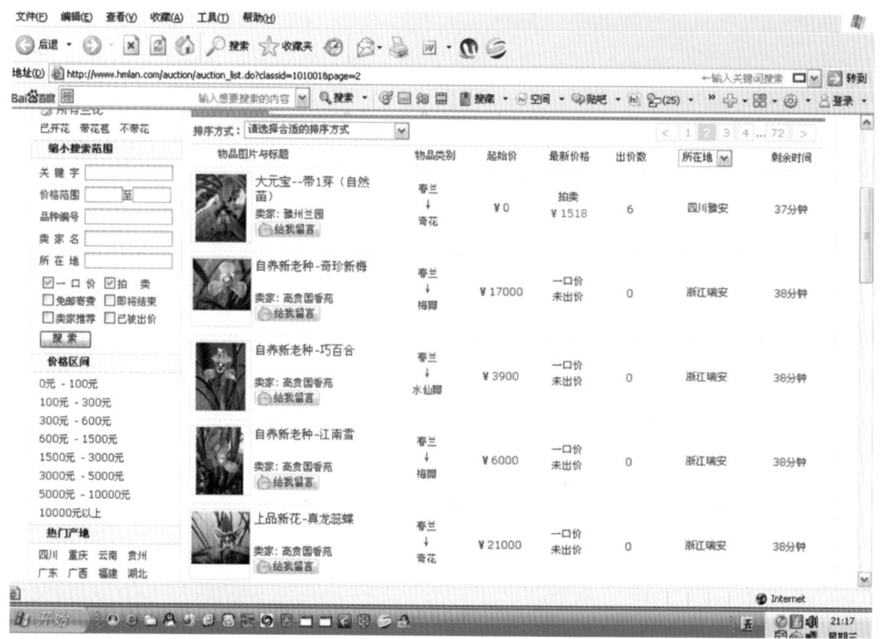

圖3-1-9　隨著網路的發展，網上購蘭也成為蘭友收藏蘭花的重要途徑

(二)下山新品的選購

選購下山新品，首先是要確認其「身份」，即確認其既非已在栽培的名品，也非科技草。其次，確認其花品的真實性。

下山新品一般要見花再買；即便是見到花，也還要確認其非假花。網路購買時，要注意其照片中的花品是否真實，有無經過美化。如在無花期，根據葉片、葉芽、花苞等特徵，從剛下山的蘭花中挑選好品種，蘭友們稱為賭草。

賭草要有一定的選花經驗，且風險也較大，如選到好花則猶如中獎，令人興奮。如果費用不大，權當買彩券，圖個樂，未嘗不可；但如費用較大，建議蘭友謹慎行事。

1. 下山「身份」的確認

生長在山林中的蘭花，因自然環境相對而言較惡劣，所以葉片較為粗糙，根多生長於表土，呈橫向生長狀態；而家養蘭花葉片較油亮，因多採用直立盆，根呈垂直生長狀，且採用顆料種植，蘭花根部凹凸不平。

據說，現有一些騙子將傳統名品種在山林中，經兩三年後挖出來冒充下山新品。這種經過「上山下鄉」的蘭株雖有下山草的外觀，但其花品還是原來的樣子，只要熟悉傳統名品特徵，就能識破。（圖3-2-1至圖3-2-4）

圖3-2-1　生長於野外的蘭花，葉質較粗糙，常遭咬食

圖3–2–2
生長於野外的蘭花，根多生長於表土層

圖3–2–3
大棚黃土種的蘭花，因營養不足，其根細長

圖3–2–4
家養蘭葉質油亮，根部因顆料種植而凹凸不平

由種子生長而成的植株(植物學上稱實生苗)，在其根部有一段根狀莖，表面呈乳突狀，稱龍根。有龍根說明它是由種子長成的，在排除其為人工播種苗之後，可確認其為下山新品。

值得一提的是，有人認為龍根苗易出好花，這是錯誤的觀點。從遺傳學上說，龍根苗與其分蘗出的新苗基因完全一樣，基因一樣自然開出的花也一樣。在自然生長狀態下，所有的非龍根苗歸根結底都是由龍根苗繁育出來的，也就是說它的基因跟繁育它的龍根苗是一樣的。（圖3-2-5、圖3-2-6）

圖3-2-5　下山新品的龍根

圖3-2-6　龍根生長初期，形似蛋，故稱龍根蛋

現在，已出現了不少科技草。科技草由人工栽培，因此，其外觀也免不了跟傳統名品一樣，跟下山新品不一樣。再者，只要細心觀察，就會發現科技草無論葉形還是花形，都有其「父母」的影子。（圖3–2–7）

圖3–2–7
宋梅與逸品雜交後代，或多或少有它們二者的影子

2. 假花辨識

俗話說「眼見為實」，然而對於市場上出售的蘭花未必如此。有些不法蘭販子，造假手段之高明，的確令人難以置信。

噴施矮壯素、多效唑等植物生長調節劑（俗稱激素），是不少蘭販子常用的手法。噴施這些生長調節劑後，植株更為直立，葉片矮化，花瓣變短。這種「吃」了激素的蘭花的葉基部較正常蘭花寬闊；根部明顯膨大，呈蘿蔔狀。

用剪刀加膠水的方法造假也較常見。如將名品的花梗插到下山草中，並用膠水固定；將同一植株的花瓣拼接在一朵花上，偽造多瓣奇花；用剪刀將花瓣縱剪，偽造多瓣奇花。只要熟悉名品的開品，加之注意觀察花梗或花瓣，就會發現破綻；至於用剪刀剪開的花瓣，其邊沿有枯焦痕跡，一看便知。

此外，還有人將名品花苞套袋，形成白色花；用紅色或黃色染料處理蘭花，使其色澤豔麗，冒充色花。不過，前者總有原有名品的樣子，後者則色澤總是不那麼自然，顯得生硬難看。（圖3–2–8至圖3–2–15）

圖3–2–8　噴激素後植株矮化（葉基部較寬闊），但其新苗恢復原有株高

圖3–2–9　噴激素後的蘭花，植株較直立，瓣形較好，根呈蘿蔔狀

圖3–2–10　不法蘭販子用噴激素後的建蘭小桃紅冒充錦旗

圖3-2-11　將春蘭翠桃花梗插在普通蘭花上

圖3-2-12　拼成的蕙蘭假奇花，一枚唇瓣已脫落

圖3-2-13　將同一植株的花瓣拼接在一朵正常花上，冒充奇花

圖3–2–14　花苞套袋後的白花，還能看出春蘭大富貴的樣子

圖3–2–15　假冒的春劍假紅花，其色澤不大自然

3. 照片真實性的判斷

在非花期或在網路上購買蘭花，都只能藉助於照片。因此，確認照片的真實性也是購買真品的前提。一般的藝術攝影以美為第一要素，而在蘭花交易中所用的照片則必須真實，任何美化的手法無異於商品造假。作為商用蘭花照片，可能的美化手法如下：

（1）一是採用逆光或側逆光美化色澤

逆光是光線從所拍攝的蘭花射向照相機，側光是光線從側邊投射向照相機，側逆光界於逆光與側光之間，順光就是光線從照相機射向所拍的蘭花。逆光或側逆光所拍花朵，質感較好，溫潤如玉，色澤豔麗，暗紅色、紫紅色可拍出豔麗的鮮紅色。順光所拍照片雖欠美感，但最為真實。逆光或側逆光所拍照片與順光所拍照片相比，其花葉的色澤以及整個畫面的明亮情況等完全不同，容易辨識。（圖3–2–16至圖3–2–22）

圖3–2–16　順光所拍寒蘭半素舌，較眞實

圖3-2-17 逆光所拍寒蘭半素舌，色澤更美麗

圖3-2-18 側逆光所拍寒蘭半素舌，生動俏麗

圖3-2-19 順光下色澤和質地眞實的富山奇蝶

圖3-2-20 側逆光下的富山奇蝶，花瓣色澤和質地被美化，嬌媚可人

圖3-2-21　順光下紅綠對比度不大，品位一般的複色花（眞實）

圖3-2-22　逆光下紅綠對比度大，品位高的複色花（美化）

（2）是完全正面拍攝美化瓣形

完全正面拍攝的照片，可能使花瓣看起來不那麼狹長。商用蘭花照片，最好為側斜一點拍，這樣可以真實地反映出瓣形。如商家提供的是完全正面照片，最好請他再提供花朵側拍或斜一點拍的照片。（圖3-2-23）

（3）是後期製作美化色澤和瓣形

數位相機拍的圖像，在後期製作中，很容易改變花朵的色澤或瓣形。這種後期加工過的照片，非攝影專業人員無法輕易識別。（圖3-2-24至圖3-2-26）

圖3-2-23
圖上方兩朵正面的花，其捧瓣看起來不長，而下方斜著的花朵，眞實地反映了捧瓣長度

圖3-2-24　未經後期調色的寒蘭新品

圖3-2-25　紅色調過度的寒蘭新品

圖3-2-26　經後期修改過瓣形的照片

4. 非花期賭草

蘭花的花苞、葉芽以及葉形等與其花瓣有一定的相關性，花苞、葉芽的色澤等與花色也有一定的相關性。這種相關性有的明顯些，有的不是很明顯。一些蘭花愛好者就利用這種相關性在非花期從下山草中選擇優良品種。

值得說明的是，依這種相關性來選草，只能說選到好品種的概率稍大點，並沒有絕對性。

（1）看葉芽選花

春蘭新芽呈圓形，較碩大，頂部鈍，且帶重彩，可能出荷瓣花。芽尖頂部呈乳白色透明米粒狀，很可能出梅瓣花或水仙瓣花。（圖3-2-27至圖3-2-32）

圖3-2-27　建蘭金荷葉芽較圓，頂部鈍，具荷瓣花的葉芽特徵

圖3-2-28　建蘭荷王葉芽荷瓣花特徵似不大明顯

圖3-2-29　開了口的葉芽，其葉頂部鈍圓的特徵更明顯（春劍天府荷）

圖3-2-30　梅瓣花的葉芽尖多有晶亮米粒狀物（春蘭宋梅）

圖3-2-31　春劍梅瓣新品葉芽上的晶亮米粒狀物明顯

圖3–2–32　春蘭珍蝶葉芽上也可見晶亮米粒狀物

葉芽的色澤與花色關係較密切。純淨白綠色的芽，不含其他雜色，多開素心花；若芽尖呈乳白色透明米粒狀，此可能為素梅、素水仙。芽潔白帶粉紅色筋紋，多開水紅、粉紅、白底泛紅色筋紋的豔色花。芽呈紅色、黃色或白色，可能開紅花。芽為不規則的異色相間時，常開複色花。（圖3–2–33至圖3–2–37）

圖3–2–33
葉芽純淨白綠色，多出素花（建蘭天鵝素）

圖3–2–34　葉芽白色略帶綠紺帽，開綠覆輪白花（建蘭青山玉泉）

圖3–2–35　葉芽白色帶綠覆輪，一般開白素花（建蘭黑金剛）

圖3–2–36　葉芽水紅色，開紅色花（建蘭錦旗）

圖3–2–37　葉芽紅色，開紅色花（建蘭玉環姬）

芽中有線藝，則必定為線藝品。隨著芽的長大，芽中線藝更容易觀察。（圖3-2-38至圖3-2-46）

圖3-2-38　葉芽上有明顯的爪藝（春蘭中華一品梅）

圖3-2-39　葉芽為明麗的中透藝，成苗後為青苔斑，開水紅花（建蘭薩摩錦）

圖3-2-40　葉芽上已顯現出成苗後的中斑藝（建蘭大滿貫）

圖3-2-41　葉為粉斑，開白色花，似乎葉藝上略有顯現（建蘭西海錦）

圖3-2-42　此蘭的中透藝，似乎在葉芽上看不出端倪（建蘭福隆）

圖3-2-43　葉芽已顯現白中斑藝、中透藝（墨蘭愛國）

圖3–2–44　爪葉芽上爪藝明顯（建蘭金絲馬尾）

圖3–2–45　芽上藝斑可見（春蘭雜交種虎斑藝）

圖3–2–46　水晶藝在葉芽上亦可顯現（墨蘭水晶藝）

（2）看花苞選花

相對而言，花苞與花品的相關性更大些，江浙地區古代藝蘭家在這方面積累了許多經驗，流傳最廣的是春蘭九種頭形（即花苞的形態），認為春蘭花苞呈蓮子形、花生肉形、機梭形、橄欖形、瓜錘形、圓燈殼形、淨瓶口形、石榴口形、龍眼形等，可能出好花。

此外，花苞上的筋（苞葉上的細長筋紋）、麻（苞葉上不通梢達頂的短筋）、沙暈（各筋紋之間散佈的細如塵埃的微粒，稱沙；筋紋之間散佈的密集如濃煙重霧狀的色斑塊，稱暈），也跟花品有關係。

筋粗透頂者，花瓣必闊，且可能出荷瓣花；筋紋較細糯，中間有沙暈者，可能出梅瓣花或水仙瓣花；綠殼綠筋或白殼綠筋，筋紋通梢達頂，苞殼周身晶瑩透徹，很可能出素花。總之，春蘭中花苞較圓，上頭不空，下空，鋒頭濃彩，粗麻殼並呈雙筋狀，可能出荷瓣花。花苞較秀氣，上下俱空（用手摸花蕾，感覺上半部虛空頂平），中段結圓，鋒頭濃彩，細筋透頂，並有沙暈，可能出梅瓣花與水仙瓣花。

當然，這主要是針對江浙春蘭而言的，其他種類的蘭花或產於其他地區的春蘭，未必完全適用。（圖3–2–47至圖3–2–58）

圖3–2–47　花苞較圓，鋒頭濃彩，筋粗透頂者，可能出荷瓣花（春蘭大富貴）

圖3–2–48　花苞具荷瓣花花苞特徵，可能出荷瓣花（春蘭環球荷鼎）

圖3-2-49　花苞較秀氣，細筋透頂，並有沙暈，可能出梅瓣花（春蘭綠英）

圖3-2-50　花苞較秀氣，白頭，細筋透頂，並有沙暈，也可能出水仙瓣花（春蘭汪字）

圖3-2-51　春蘭與墨蘭雜交後代，其花苞也有春蘭與墨蘭的影子（雜交霸王富貴）

圖3–2–52　花苞形似花生，色澤豔紅，可能開紅色梅瓣花（蓮瓣蘭滇梅）

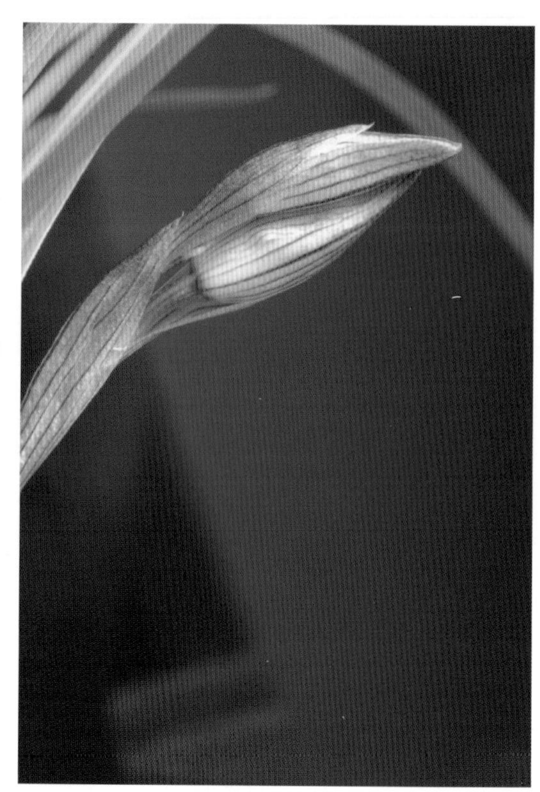
圖3–2–53　花苞粉紅，開紅色荷形花（蓮瓣蘭小喬）

圖3–2–54　花苞為純淨白綠色，開素花（春劍素花）

圖3–2–55　花苞粉紅色，開紅花（建蘭紅香妃）

圖3–2–56　紅色花苞短圓，可能開紅色瓣形花（建蘭金荷）

圖3–2–57　墨蘭花苞短圓，近端部鼓起，白頭，開梅瓣花（墨蘭閩南大梅）

圖3–2–58　花苞如此鮮紅，開紅色花（墨蘭鳳凰）

（3）看葉形選花

相對而言，葉形與花瓣的相關性不是很大。葉片葉質厚糯，葉尖鈍圓、呈匙狀，葉溝槽深，中部呈較寬的魚肚形，可能開荷瓣花；葉質糯潤，葉尖尖，邊葉寬，中葉細，葉鞘（葉甲）尖部呈白色透明狀，則可能出梅瓣花。

水仙瓣花、蝶花葉形也有一些特點。但對於同一種類，各地所產蘭花，其葉形、株形特徵未必相同，選蘭花時要兼顧到當地所產蘭花的特徵。（圖3–2–59至圖3–2–68）

圖3–2–59　典型荷瓣花，葉尖鈍圓，呈匙狀（春劍天府荷葉）

圖3–2–60　葉尖尖，邊葉寬，中葉細，葉鞘尖部呈白色透明狀，可能出梅瓣花（春蘭湯梅）

圖3-2-61　葉尖鈍圓，中部呈較寬的魚肚形，可能開荷瓣花（春蘭惠風荷）

圖3-2-62　墨蘭奇花玉獅子，其葉片並無明顯的特徵

圖3-2-63　建蘭蝶花吉利三星，其葉片頂部常呈歪斜狀

圖3-2-64　建蘭金絲馬尾爪，葉鞘具黃爪藝

圖3-2-65　墨蘭銀龍葉鞘上清晰地顯現出斑藝

圖3-2-66　江浙春蘭葉質較細膩

圖3-2-67
非江浙所產春蘭，不少株形較大，葉質較粗糙（春蘭下山品）

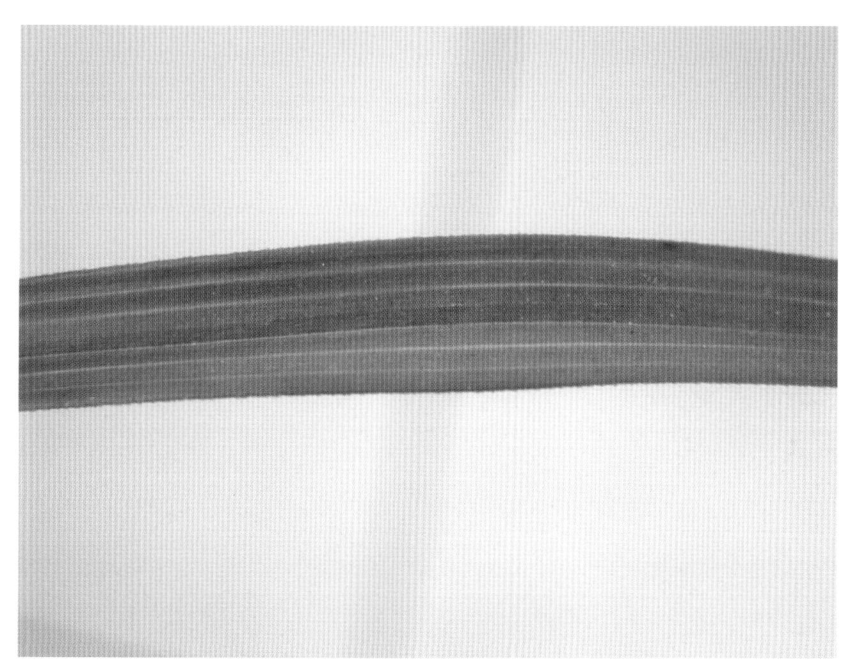

圖3-2-68
產於湖北、四川等部分地區的春蘭，葉脈粗且白亮

(三)非新品的選購

1. 品種的確認

對於非新品的選購而言，買到名副其實的品種最為重要。一般說來，從當地信譽好的蘭園購買，風險小，是最佳的選擇；從流動蘭販處買，則風險較高。有時因種種原因，只能從花卉市場上或其他途徑購買。在這種情況下，就要格外注意品種的真實性。最好在購買前多瞭解所購品種的特徵，這樣有助於確認品種的真偽。有些蘭花品種葉片、葉芽、花苞、葉鞘等處具有獨一無二的顯著特徵，蘭友們稱其為

「防偽商標」，更需要掌握。例如：春蘭天興梅中心第二片葉常呈鉤起狀；蓮瓣蘭蕩山荷，葉面脫水是其重要的特徵；建蘭富山奇蝶，其中心葉一般沒有葉柄（指環）；等等。

有些蘭花品種開品較穩定，而有些品種在不同的栽培條件下，其開品會有所變化，甚至發生相當大的變化。對於所購品種的花朵主要特徵以及其開品的變化等都要做到心中有數。一般來說，無論開品如何變化，總是有些不變的東西，例如梅瓣花硬化的捧瓣等。當然，一些奇花也可能開成正常花，這也是必須瞭解的。（圖3-3-1至圖3-3-7）

圖3-3-1　春蘭汪字的開品較穩定且蘭花保持最佳開品的能力較好

圖3-3-2　春蘭綠雲可能開多瓣奇花，也可能開成正常花

(1)　(2)　(3)　(4)

圖3–3–3　宋梅的開品變化很大，但其最基本的特徵（如捧瓣）還在

(1) (2) (3) (4)

圖3-3-4　富山奇蝶開品的差異主要在於瓣的數量，而瓣形大致相同

圖3-3-5
常被用於冒充萬字的瑞梅，此花半硬捧、如意硬舌，花品與萬字相比欠文秀溫潤

圖3-3-6
常被用於冒充梁溪梅的小打梅，此花外瓣端部較梁溪梅的小，捧瓣也較小

圖3-3-7
常用於冒充桂圓梅的天興梅，此花瓣上帶紅筋紋，易於分辨

2. 蘭苗栽培品質的確認

蘭花的栽培條件不同，其適應性及栽培難度也不同，因此在選購蘭花時，不但要注意蘭花的欣賞品位，也要注意蘭花的栽培品質。栽培品質不佳，蘭花欣賞品位再高，也養不好，甚至可能養死，最終會影響欣賞價值或投資效益。

採用粉質或顆粒質植料，在自然條件下（如簡易大棚、開放性陽臺）栽培，施用有機肥，種出來的蘭花生命力、抵抗力強，引種後易於栽培。此種苗稱自然苗，栽培品質最高。（圖3–3–8、圖3–3–9）

圖3–3–8　在自然條件下栽培蘭花，繁殖率不高，但苗的栽培品質高

圖3–3–9　自然苗生長強健，引種易成功

圖3-3-10　溫室栽培，繁殖率較高，但苗的栽培品質差

採用無機顆粒及土種，在半自然條件下（如封閉的陽臺等）栽培，僅在酷夏時啟用空調，有時施些商品肥，這樣種出來的蘭花生命力、抵抗力還可以，引種後雖不及自然條件下種出的苗，但也還容易莳養。此種苗稱半自然苗，栽培品質中等。

完全採用無機顆粒，在完全人工控制的條件下（如溫室等），大量施用商品肥和農藥，有時還用點植物生長調節劑，這樣種出來的蘭花生命力不強、抵抗力差，引種後不易服盆，易發病，甚至不容易成活。此種苗稱溫室苗，栽培品質差。（圖3-3-10、圖3-3-11）

圖3-3-11　溫室苗根系幼嫩水靈，但引種後生長條件不同了，不容易長好

組培苗不易成活，栽培品質差。從臺灣銷往大陸的蘭花苗稱返銷苗，其栽培難度較大，需精心侍弄。（圖3-3-12、圖3-3-13）

自然曲葉質較粗糙，根系較老，色澤較暗；溫室曲葉質油亮好看，根系水靈，色澤較白。選購蘭花時應儘量選購自然苗。高品質的苗，引種後易服盆，長芽快且芽壯，栽培起來事半功倍。

圖3--3-12　剛出瓶的組培苗，栽培難度非常大，不易成活

圖3-3-13　返銷苗的栽培難度要比自然苗大些

四、蘭花瓣形花名品

梅瓣花（圖4-1-1至圖4-1-61）、荷瓣花（圖4-2-1至圖4-2-31）、水仙瓣花（圖4-3-1至圖4-3-35），因以瓣形為主要觀賞點，故稱瓣形花。蘭花瓣形花的鑑賞理論與收藏起源於江浙地區。最早是清代鮑薇省的《藝蘭雜記》，系統總結了瓣形鑑賞經驗，開瓣形鑑賞之先河。瓣形花端莊典雅，符合傳統審美文化的觀點，因此得到人們的推崇。江浙地區保留下來的春蘭、蕙蘭傳統名品，絕大多數為瓣形花。江浙傳統春蘭的瓣形花最合乎標準，堪稱典範。其中，綠雲被譽為「春蘭皇后」，宋梅、龍字被譽為「國蘭雙璧」，宋梅、龍字、集圓、萬字被譽為「四大天王」，宋梅、龍字、集圓、萬字、汪字、小打梅、賀神梅、桂圓梅被譽為「春蘭老八種」。近些年來，其他蘭花種類也選育了不少瓣形花，如春劍的天府荷、學林荷、鳳凰梅、玉海棠等，蓮瓣蘭的點蒼梅、蕩山荷、荷之冠等，建蘭的一品紅、君荷、瀘州荷仙等，墨蘭的閩南大梅、南國紅梅等。寒蘭因其生物學形態特徵就是瓣形狹長，因此幾乎沒有合乎標準的瓣形花，只是少量勉強達到水仙瓣標準。

這些年隨著臺灣的蘭花大量湧進大陸，長期以來市場價位較高的江浙傳統春蘭名品大幅度降價。這些傳統經典品種性價比高，是初學者購買的首選。經濟實力雄厚、市場經驗和栽培經驗豐富者也可選購價位合適的瓣形花。

(一)梅瓣花

圖4-1-1
宋梅：春蘭梅瓣典範，列春蘭「四大天王」之首。外瓣圓頭緊邊，蠶蛾捧，劉海舌

圖4–1–2
集圓：春蘭「四大天王」之一。外瓣著根結圓，蠶蛾捧，捧頂部有紅暈，小劉海舌

圖4–1–3
賀神梅：春蘭老八種之一。外瓣收根圓頭，觀音捧，劉海舌

圖4–1–4
萬字：春蘭「四大天王」之一。外瓣著根結圓，蠶蛾捧，小如意舌

圖4–1–5
小打梅：春蘭傳統名品。外瓣圓頭，稍落肩，半硬捧，圓舌

圖4–1–6
天興梅：春蘭傳統名品。外瓣短闊，蠶蛾捧，舌較大，且舌上紅點不規則

圖4–1–7
綠英：春蘭傳統名品。外瓣細收根，稍落肩，蠶蛾捧，大如意舌。青梗青花

圖4–1–8
老代梅：春蘭傳統名品。外瓣圓頭，稍狹長，半硬捧，小如意舌。常一梗開雙花

圖4–1–9
桂圓梅：春蘭傳統名品。外瓣圓闊，稍落肩，半硬捧，小劉海舌

圖4–1–10
冠姚梅：外瓣長腳收根，蠶蛾捧，大如意舌

圖4–1–11
瑞梅：春蘭傳統名品。外瓣緊圓，半硬捧，劉海舌

圖4–1–12
翠筠：又稱發祥梅，春蘭傳統名品。外瓣圓頭收根，蠶蛾捧，劉海舌。花色翠綠

圖4–1–13
翠桃：春蘭傳統名品。外瓣似桃形，三瓣一鼻頭，有青梗、紅梗兩種

圖4–1–14
翠文：春蘭傳統名品。外瓣長腳圓頭，蠶蛾捧，劉海舌，舌上紅斑豔麗。花色翠綠

圖4–1–15
九章梅：春蘭傳統名品。外瓣長腳圓頭，收根稍遜，軟捧，大圓劉海舌

圖4–1–16
九莊梅：春蘭傳統名品。外瓣長腳收根，半軟捧，如意舌

圖4-1-17
梁溪梅：春蘭傳統名品。外瓣圓頭收根，瓣尖部呈微缺狀，大蠶蛾捧，圓舌

圖4-1-18
春秀梅：春蘭名品。外瓣收根放角，軟兜捧心，小劉海舌

圖4-1-19
定新梅：春蘭名品。外瓣收根，瓣尖皺角且有黑點，蠶蛾捧，劉海舌

圖4–1–20
東港大梅：春蘭名品。外瓣長腳圓頭，半硬捧，稍落肩

圖4–1–21
臨海神梅：春蘭名品。花形似西神梅

圖4–1–22
紅宋梅：春蘭名品。外瓣稍長，平肩，蠶蛾捧，小如意舌，舌基部赤紫色

圖 4–1–23
羅翠絨梅：春蘭名品。外瓣稍長，蠶蛾捧，如意舌

圖 4–1–24
廿七梅：春蘭名品。外瓣收根緊邊，蠶蛾捧，劉海舌

圖 4–1–25
泉綠梅：春蘭名品。外瓣短圓，蠶蛾捧，大圓舌

圖4–1–26
新品梅：春蘭正格梅瓣花，品位較高

圖4–1–27
新品梅：春蘭正格梅瓣花

圖4–1–28
新梅：春蘭飄梅。花色綠中帶淡黃，清新淡雅

圖4–1–29
妍梅：春蘭品位較高梅瓣

圖4–1–30
玉林梅：春蘭新品。中宮佳，唯外瓣稍長

圖4–1–31
玉棠春：春蘭高品位梅瓣。此花因加溫催花而致外瓣強烈緊邊

圖 4–1–32　程梅：江浙蕙蘭老八種之一，列赤蕙之首。外瓣短圓、緊邊，半硬捧，龍吞舌

圖 4–1–33　元字：江浙蕙蘭老八種之一。外瓣圓頭長腳，半硬捧，執圭舌

圖 4–1–34　江南新極品：江浙蕙蘭新八種之一。赤轉綠殼。外瓣圓頭，半硬捧，龍吞舌

圖 4–1–35　崔梅：江浙蕙蘭新八種之一。赤轉綠殼。外瓣長腳、緊邊，半硬捧，龍吞舌

圖 4–1–36　慶華梅：江浙蕙蘭新八種之一，綠蕙。外瓣短圓、緊邊，半硬捧，大如意舌

圖 4–1–37　老極品：江浙蕙蘭新八種之一，綠蕙。外瓣圓頭、緊邊、收根，硬捧，龍吞舌

圖 4–1–38　環球第一梅：蕙蘭高品位新梅，外瓣尤佳

圖 4–1–39　綠蕙新梅：蕙蘭新品。外瓣長腳圓頭，半硬捧，舌稍遜

圖4–1–40　明州梅：蕙蘭新品。外瓣短闊、收根，半硬捧，劉海舌

圖4–1–41　飄梅：蕙蘭新品。外瓣飄皺，中宮佳

圖4–1–42　新梅：蕙蘭高品位新梅。外瓣圓頭收根，半硬捧，舌小

圖4–1–43　陶寶梅：蕙蘭新品。外瓣圓頭收根，呈拱抱狀，半硬捧，舌稍大

圖4-1-44　金鳳凰：春劍高品位梅瓣花。外瓣圓頭、平肩，中宮亦佳，花色鵝黃

圖4-1-45　春劍梅：春劍佳品。外瓣皺角呈桃形，中宮緊湊

圖4-1-46　魚鳧梅：春劍梅瓣新品，紅綠複色

圖4-1-47　青梅：春劍梅瓣新品。外瓣長卵形，皺角

圖4–1–48
太平紅梅：春劍佳品，綠花略帶紅暈

圖4–1–49
西蜀麗梅：春劍長腳梅

圖4–1–50
仙桃梅：春劍梅瓣名品。花形呈拱抱狀，外瓣較短闊

圖4–1–51　玉海棠：春劍高品位梅瓣花

圖4–1–52　點蒼梅：蓮瓣蘭之梅瓣花。花形端莊，骨格佳

圖4–1–53　紅一品：建蘭名品。瓣質厚，花形結構嚴謹，花色清麗

圖4–1–54　南海梅：墨蘭。圓頭長腳，細收根，半硬捧，龍吞舌

圖4–1–55
滇梅：蓮瓣蘭名品。外瓣有時較短，有時較長，半硬捧，花色豔麗

圖4–1–56
蓋梅：建蘭梅瓣新品，花小

圖4–1–57
夏皇梅：建蘭梅瓣新品，花小

圖 4–1–58　大梅：墨蘭長腳梅。蟹鉗捧，小劉海舌，花色紅

圖 4–1–59　富貴紅梅：墨蘭紅色長腳梅。花形呈拱抱狀，蟹鉗捧，舌稍大

圖 4–1–60　閩南大梅：產於福建南部。花形呈拱抱狀，半硬捧，龍吞舌

圖 4–1–61　閩西紅梅：墨蘭長腳梅。中宮緊抱，紅花

(二)荷瓣花

圖4–2–1
環球荷鼎：春蘭傳統名品。外瓣短圓，蚌殼捧，如意舌

圖4–2–2
大富貴：又稱鄭同荷，春蘭傳統名品。外瓣收根放角，短圓捧，大劉海舌

圖4–2–3
翠蓋荷：又稱文荷，春蘭傳統名品。外瓣短圓，罄口捧，大圓舌，花較小

圖4–2–4
天一荷：春蘭名品。外瓣收根放角，蚌殼捧，大圓舌

圖4–2–5
團結荷：春蘭新品。外瓣收根放角，中宮佳，花形端莊

圖4–2–6
玉濤：春蘭大富貴變異種，多為白舌

圖4-2-7
遷公荷：春蘭新品。外瓣收根放角，稍落肩，劉海舌，中宮圓整

圖4-2-8
神話：春蘭不可多得之高品位荷瓣花

圖4-2-9
大團圓：科技草

圖4-2-10
貴州荷：春蘭正格荷瓣，花色淡黃，布褐紅色筋紋

圖4-2-11
黃荷：春蘭新品。花色淡黃，外瓣中央布一褐紅色筋

圖4-2-12
晶鼎荷：春蘭新品。外瓣尖部捲曲，花色翠綠，佈滿紫紅筋紋

圖4-2-13
三花荷：春蘭新品。外瓣布紅色斑紋或斑塊

圖4-2-14
新春荷：春蘭新品。花品尚好，惜落肩

圖4-2-15
玉潔荷：春蘭新品。正格荷瓣，花色鵝黃、潔淨

圖4-2-16
元帥荷：春蘭新品。外瓣短闊，中宮尚可

圖4-2-17
岳王荷：春蘭新品。中宮圓整，花色鵝黃

圖4-2-18
新荷：蕙蘭荷瓣新品。外瓣較短闊，收根放角，中宮稍遜

圖4-2-19　祥荷：蕙蘭正格荷瓣花

圖4-2-20　邛州紅荷：春劍荷瓣。外瓣收根放角、拱抱，中宮端正

圖4-2-21　天府荷：春劍高品位荷瓣花

圖4–2–22　典荷：春劍較高品位新品，花色綠中帶粉紅色

圖4–2–23　粉荷：蓮瓣蘭珍品，形色俱佳

圖4–2–24　西南黃荷：春劍黃色荷形花

圖4-2-25　蕩山荷：蓮瓣蘭荷瓣精品（開盛蘭苑攝影）

圖4-2-26　荷之冠：蓮瓣蘭荷瓣精品。外瓣收根放角、拱抱，中宮緊湊

圖4-2-27　君荷：建蘭荷瓣精品。外瓣圓頭收根，中宮佳

圖4-2-28　金皺紅荷：建蘭荷瓣精品。花品端莊，舌瓣舒而不捲

圖4-2-29　富貴：墨蘭荷形花，花色紫紅

圖4-2-30　新浦望月：墨蘭品位較高的荷形花，花色紅

圖4-2-31　十八嬌：墨蘭荷形花

(三)水仙瓣花

圖4–3–1　汪字：春蘭老八種之一。外瓣長腳，短捧，大圓舌

圖4–3–2　西子：春蘭傳統名品。外瓣長腳，蠶蛾捧，劉海舌，有時為大圓舌

圖4–3–3　逸品：春蘭傳統名品，梅形水仙瓣花。外瓣長腳圓頭，挖耳捧，小圓舌

圖4–3–4
西神梅：春蘭傳統名品，梅形水仙瓣花。外瓣較短圓，蒲扇捧，大劉海舌，舌上紅斑點豔麗

圖4–3–5
翠一品：春蘭水仙瓣花傳統名品。外瓣端部有微缺，蒲扇捧，大圓舌

圖4–3–6
天綠：又名天樂，春蘭傳統名品。外三瓣長腳、圓頭、收根，蠶蛾捧，捧內側有紅色條紋，如意舌

圖4–3–7
宜春仙：春蘭傳統名品。外瓣長腳緊邊，觀音捧，大圓舌

圖4–3–8
長字：春蘭傳統名品。外瓣闊大，蠶蛾捧，大如意舌

圖4–3–9
漓渚第一仙：又稱江南第一仙，水仙瓣花名品。外瓣狹長，半硬捧，舌後捲

圖4–3–10
汪笑春：傳統飄門水仙瓣花。外瓣卵形，貓耳捧，大圓舌

圖4–3–11
巧百合：飄門水仙瓣花新品。五瓣外翻，似百合盛開，故也稱百合瓣

圖4–3–12
翠露：春蘭名品。外瓣長卵形，硬捧，舌小

圖4–3–13
杭州仙：春蘭新品。外瓣長卵形，平肩，硬捧，舌小

圖4–3–14
白梅：春蘭新品。花形稍長，硬捧，舌小。花色白中泛黃

圖4–3–15
戴仙：春蘭新品。花形秀雅，中宮稍小，花色嫩黃

圖4–3–16
含笑：春蘭飄門水仙瓣花

圖4–3–17
雙龍水仙：春蘭新品。外瓣皺角，平肩，軟捧，舌上紅斑豔麗

圖4–3–18
新品水仙：春蘭百合瓣花

圖4–3–19
黔靈梅：春蘭高品位名品。外瓣圓頭，軟捧，舌上心形斑鮮豔

圖4–3–20
一品黃仙：高品位水仙瓣花，花色鵝黃

圖4–3–21
逸梅：春蘭飄門水仙瓣花

圖4–3–22
雨林仙：春蘭飄門水仙瓣花，花形秀雅

圖4–3–23
珍珠仙：春蘭飄門水仙瓣花

圖4–3–24
水仙新品：春劍水仙新品，花色紅綠

圖4–3–25　新科水仙：蕙蘭水仙新品，骨格甚好

圖4–3–26　紅荷：春劍水仙新品。外瓣收根放角，中宮圓結，花紅綠複色

圖4–3–27　大一品：江浙蕙蘭老八種之一。外瓣荷形，蠶蛾捧，大如意舌

圖4–3–28　蕩字：江浙蕙蘭老八種之一。小型荷形水仙瓣花。外瓣收根放角，蠶蛾捧，如意舌

圖4-3-29　秀字：蕙蘭傳統名品。外瓣長卵形，半硬捧，大如意舌

圖4-3-30　新蜂巧：蕙蘭飄門水仙瓣花

圖4-3-31　新梅：蕙蘭硬捧水仙瓣花，形態較武相

圖4-3-32　仙荷極品：蕙蘭荷形水仙瓣花

圖4–3–33　新品：寒蘭硬捧花。外瓣狹長，考慮到寒蘭外瓣均較狹長，故亦歸於水仙瓣花

圖4–3–34　紅玫瑰：高品位寒蘭水仙瓣花。外瓣較短闊，合抱軟捧，舌短而直。花色玫瑰紅，帶紅覆輪

圖4–3–35
新品：寒蘭綠色水仙瓣花。軟捧，中宮佳，惜外瓣稍長

五、蘭花蝶花、奇花名品

蝶花（圖5-1-1至圖5-1-42）的某一部位花瓣形態與色澤發生變異，因此從嚴格意義上來說，蝶花也屬於奇花，只是由於此類花有獨特的特點且數量較多，故從奇花中獨立出來。江浙傳統春蘭名品中有珍蝶、四喜蝶等，但傳統觀念認為蝶花品位不高。

近些年，人們開始青睞蝶花，選育了大量的品種。春蘭虎蕊、熊貓蕊蝶、大元寶，蕙蘭紫砂星、盧氏蕊蝶，春劍桃園三結義、桃園蝶，蓮瓣蘭劍陽蝶、玉兔蕊蝶、馨海蝶、滿江紅，建蘭寶島仙女，墨蘭玉觀音、藍蝴蝶，寒蘭綠蝶等，品位都較高。

奇花（圖5-2-1至圖5-2-41）與蝶花相似，在傳統上不被人們認可，近年卻大放異彩，尤其是前兩年，大有「一奇即寶」之勢。因此，近些年也選育了不少奇花。春劍、蓮瓣蘭品種的開發較晚，受新的鑑賞觀的影響，選育了不少蝶花、奇花名品。如蓮瓣蘭「五朵金花」中，除滇梅外，其他均為蝶花、奇花。

建蘭、墨蘭則受臺灣的影響較大，臺灣選育了大量蝶花、奇花名品，如建蘭富山奇蝶、寶島金龍、四季玉獅被譽為「臺灣建蘭三大奇花」，大屯麒麟、國香牡丹、玉獅子、馥翠、文山奇蝶被稱為「臺灣墨蘭五大奇花」。

平心而論，其中不乏觀賞價值較高的名品，如春蘭天彭牡丹、盛世牡丹、烏蒙牡丹，蕙蘭談氏牡丹、綠雲牡丹，春劍五彩麒麟、聖麒麟、花蕊夫人，蓮瓣蘭黃金海岸，建蘭富山奇蝶、七仙女，墨蘭白玫瑰、綠雲，等等，如價位適當，值得珍藏。

蝶花、奇花，特別是三星蝶、牡丹瓣奇花曾一度被炒作，許多品種市場價位相當高。近兩年，蝶花、奇花的總體價位下降，一些品種（例如劍陽蝶、天彭牡丹等）價位趨於合理。對於一般蘭友而言，可選購一些性價比高的低價位品種。

此外，建蘭中的一些蝶花、奇花，其品位不亞於其他蘭花種類，但價位一直都較低，也是普通蘭友不錯的選擇。

(一)蝶花

圖5–1–1
珍蝶：江浙傳統外蝶名品。花小，但開得工整嚴謹

圖5–1–2
碧瑤：春蘭蝶花名品。外瓣碧綠，捧瓣蝶化

圖5–1–3
虎蕊：春蘭高品位名品。蝶化捧瓣紫紅斑塊大，在白底的襯托下格外醒目，虎虎有生氣

圖5–1–4
開元：春蘭高品位名品。捧瓣蝶化，布紫紅斑塊，嬌美

圖5–1–5
熊貓蕊蝶：春蘭珍稀新品。捧瓣特別闊大，紅斑明豔

圖5–1–6
大元寶：春蘭三星蝶名品

圖5–1–7
小元寶：三星蝶名品，捧瓣和唇瓣比大元寶小些

圖5–1–8
中華雙嬌：春蘭蝶花蝶草名品。蝶化捧瓣短圓，鑲白邊

圖5–1–9
明珍蕊蝶：春蘭三星蝶，三舌上紅斑豔若桃花

圖5-1-10
蓬萊蝶：春蘭蕊蝶。捧瓣與外瓣同為綠色，捧瓣上斑點如星

圖5-1-11
飄逸彩蝶：春蘭外蝶

圖5-1-12
擎天蝶：春蘭三星蝶，花朵朝天開

圖5–1–13
蕊旗：春蘭三星蝶。白舌紅斑，對比強烈

圖5–1–14
盛世蕊蝶：春蘭蕊蝶，捧瓣蝶化，蝶塊美麗

圖5–1–15
嵊州彩蝶：春蘭外蝶。蝶化部分色斑不明顯，與幾近素色的舌瓣相映成趣

圖5–1–16
天姥荷蝶：春蘭外蝶。捧瓣直立，花形饒有趣味

圖5–1–17
天王蝶：春蘭外蝶，花色淡黃

圖5–1–18
大疊彩：蕙蘭三星蝶名品，舌緣鑲有白邊

圖5-1-19　紫玉星：蕙蘭三星蝶，蝶斑明麗，惜有時蝶化不完全

圖5-1-20　新蝶花：蕙蘭三星蝶新品

圖5-1-21
新花：蕙蘭蕊蝶，蝶斑色質欠佳

圖5–1–22
仙居外蝶：蕙蘭外蝶

圖5–1–23
桃園三結義：春劍三星蝶名品，蝶草蝶花

圖5–1–24
魚鳧奇蝶：春劍外蝶

圖 5–1–25　彭州三星：春劍蕊蝶名品，色澤稍欠明麗

圖 5–1–26　魚鳧星蝶：春劍三星蝶，捧瓣白底上布不規則紅斑

圖 5–1–27　劍陽蝶：蓮瓣蘭外蝶名品，雅致清秀

圖 5–1–28　玉兔：蓮瓣蘭蕊蝶名品。蝶化捧瓣如兔耳直立，惹人喜愛

圖5–1–29　馨海蝶：蓮瓣蘭蝶花名品

圖5–1–30　滿江紅：蓮瓣蘭三星蝶珍品，花形、色澤俱佳

圖5–1–31　大寶島：臺灣建蘭三星蝶名品。花美，葉姿亦佳

圖5–1–32　麗江星蝶：蓮瓣蘭蝶花名品，蝶斑美豔嬌媚

圖5–1–33　吉利三星：建蘭蕊瓣，有時捧瓣蝶化不完全

圖5–1–34　晶龍奇蝶：建蘭蕊蝶。矮種，葉水晶藝

圖5–1–35　金馥翠：墨蘭三星蝶名品。紅色蝶斑嫵媚動人

圖5–1–36　玉觀音：墨蘭三星蝶名品。三舌翠綠如玉，布紅斑，清雅可人

圖5–1–37　華光蝶：臺灣墨蘭外蝶名品

圖5–1–38　皇冠蝶：墨蘭外蝶名品。花形端正，花色豔麗

圖5–1–39　藍蝴蝶：臺灣墨蘭外蝶名品，花形似蝴蝶

圖5–1–40　邵氏奇蝶：臺灣墨蘭蕊蝶名品

圖5–1–41　龍泉蝶：臺灣墨蘭蕊蝶名品。蝶化捧瓣較狹長，稍捲

圖5–1–42　九嶺梅蝶：寒蘭高品位珍品。紅色花梅瓣，帶外緣蝶

（二）奇 花

圖 5–2–1
天彭牡丹：春蘭高品位牡丹瓣奇花。色彩華麗，豔而不妖

圖 5–2–2
余蝴蝶：江浙傳統春蘭菊瓣奇花

圖 5–2–3
四喜蝶：江浙傳統春蘭奇花。多瓣多舌，常開成四舌狀

圖5-2-4
烏蒙牡丹：春蘭牡丹瓣奇花名品

圖5-2-5
千島之花：春蘭多瓣蝶化奇花。產於浙江舟山，故名

圖5-2-6
飛天鳳凰：春蘭牡丹瓣奇花珍品。花形色俱佳，瓣繁而有序

圖5-2-7
金絲牡丹：春蘭高品位牡丹瓣奇花

圖5-2-8
陶都牡丹：春蘭多瓣多舌蝶化奇花

圖5-2-9
天龍奇蝶：春蘭牡丹形多瓣多舌蝶化奇花，品位較高

圖5–2–10
溫暖人間：春蘭多瓣多舌蝶化奇花。色彩明快，對比度強

圖5–2–11
新種牡丹：春蘭多瓣多舌蝶化奇花，色彩欠明麗

圖5–2–12
仰天笑：春蘭多瓣多舌蝶化奇花，花朝天開

圖5-2-13
中華麒麟：春蘭多瓣多舌蝶化奇花

圖5-2-14
九仙牡丹：科技草，為春蘭與春劍雜交選育品種

圖5-2-15
中華神樹：春蘭樹形花。花色白，略帶黃綠

圖5-2-16　仙鶴牡丹：科技草，為春蘭與春劍雜交選育品種

圖5-2-17　玉祥牡丹：蕙蘭牡丹瓣奇花，品位較高

圖5-2-18　綠雲牡丹：蕙蘭素奇珍品，花色翠綠

圖5-2-19　談氏牡丹：蕙蘭樹形牡丹花，花主色調為綠色

圖 5-2-20　山花浪漫：蕙蘭樹形花，飄逸浪漫

圖 5-2-21　盛世牡丹：春劍牡丹瓣奇花

圖 5-2-22　五彩麒麟：春劍奇花名品。複色，樹形多瓣多舌多鼻蝶化奇花

圖 5-2-23　中華紅牡丹：春劍牡丹瓣奇花

圖5–2–24　魚鳧聚荷：春劍聚集花，多朵荷瓣花聚成一團

圖5–2–25　中意獅蝶：春劍多瓣多舌蝶化奇花

圖5–2–26　西部紅牡丹：春劍牡丹瓣奇花

圖5–2–27　樹形花：春劍新品，色調甚美

圖5–2–28　中華奇珍：春劍複色樹形花，色澤嬌豔嫵媚

圖5–2–29　搖錢樹：春劍多瓣蝶化樹形花

圖5–2–30　黃金海岸：又名領帶花，蓮瓣蘭子母花名品。有時子花少，甚至開成普通花

圖5–2–31
蒼山奇蝶：蓮瓣蘭奇花名品，其瓣數及蝶化情況多變

圖5–2–32
金沙樹菊：蓮瓣蘭樹形花珍品，色澤如羊脂玉般純美（開盛蘭苑攝影）

圖5–2–33
玉樹臨風：蓮瓣蘭樹形花

圖5–2–34　閩南奇蝶：建蘭多瓣蝶化奇花，蝶斑鮮紅

圖5–2–35　寶島金龍：臺灣建蘭樹形奇

圖5–2–36　玉山奇蝶：臺灣建蘭樹形奇花

圖5–2–37　國香牡丹：臺灣墨蘭多瓣多舌蝶化奇花，墨蘭五大奇花之一

圖5-2-38　玉獅子：臺灣墨蘭多瓣多舌多鼻奇花，墨蘭五大奇花之一

圖5-2-39　文漢奇蝶：臺灣墨蘭多瓣多舌多鼻奇花，墨蘭五大奇花之一

圖5-2-40　喜菊：臺灣墨蘭多瓣多舌奇花。舌多時如牡丹盛開，美豔至極

圖5-2-41　神州奇：墨蘭多瓣樹形奇花，產於粵北

六、蘭花素花、色花名品

蘭花素花（圖6–1–1至圖6–1–25）、色花（圖6–2–1至圖6–2–25）均以色澤作為觀賞點。

從廣義上來說，素花也是色花中的一類。素花是最早得到人們推崇的欣賞類型，因此，栽培歷史悠久的建蘭積累了一大批傳統的素花品種，如龍岩素、永福素、銀邊大貢等。其他蘭花種類也有不少素花傳統名品，如春蘭楊氏素荷、文團素、月佩素，春劍銀杆素、西蜀道光，蓮瓣蘭大、小雪素，蕙蘭溫州素、金嶴素，墨蘭白墨素，等等。這些素花品種是當時主流的名品。

如今，素花的選育並不單純追求「素」，而是在「素」的基礎上注重瓣形，追求一花多藝（素荷、素梅、素奇等），也選育出了一些品種，如春蘭知足素梅、蓮瓣蘭奇花素、建蘭鐵骨素梅等。

雖然古代蘭鑑賞家也注重蘭花色澤的鑑賞，但他們推崇的是淡雅的素色，注重色澤的純淨。這與現在人們對蘭花色澤的鑑賞觀念不完全相同，現在人們也追求色澤的濃豔搶眼。

春蘭色花，以產於雲貴川的紅色花、黃色花較多（如株源雄梅等），也有一些花帶覆輪藝、爪藝的花葉雙藝品（如曙光等）；此外，從日本等地也引進了一些無香的色花。豆瓣蘭也出現一些色澤特別美豔的名品，如九州紅梅。春劍複色花較多，如唐王彩等。而建蘭、墨蘭的紅色花較多，如建蘭市長紅、紅娘，墨蘭火烈鳥、櫻姬等。

古人說「蘭以素為貴」，如今，「蘭以素為不貴」。的確，相對於其他蘭花種類而言，素花的價位較低。

且不說素花品種較多的建蘭，傳統素花名品每苗僅數元，就是總體價位較高的蕙蘭、蓮瓣蘭、春劍等，其普通的素花價位也不高。建蘭、墨蘭色花價位較低，其他蘭花種類中高品位的色花價位則較高。因此，初養蘭花者可選擇建蘭、墨蘭的素花、色花作為「入門草」。

(一)素花

圖6-1-1
老文團素：江浙傳統春蘭名品。外瓣收根放角，剪刀捧，大劉海舌

圖6-1-2
楊氏素荷：江浙傳統春蘭名品。外瓣短闊圓頭，蚌殼捧，大圓舌

圖6-1-3
蒼岩素：江浙傳統春蘭名品。外瓣收根放角。貓耳捧，大捲舌淨白

圖6–1–4
霸王素：春蘭素花名品。外瓣收根放角，蚌殼捧，大捲舌

圖6–1–5
海荷素：春蘭素花名品。外瓣荷形，蚌殼捧，大捲舌淨白

圖6–1–6
江南雪：春蘭素梅。綠花白舌，品位較高

圖6–1–7　金嵷素：蕙蘭傳統素花名品。外瓣略帶荷形，平肩，蚌殼捧，大捲舌

圖6–1–8　溫州素：蕙蘭傳統素花名品。外瓣似柳葉，剪刀捧，大捲舌

圖6–1–9　大荷素：春劍素花精品。花大，荷形，花色嫩綠

圖6–1–10　天鵝素：春劍素花名品。外瓣竹葉瓣，蚌殼捧，大捲舌

圖6–1–11　春劍素：春劍素花佳品，荷形花

圖6–1–12　白雪公主：蓮瓣蘭素花佳品。外瓣圓頭收根，花色雪白

圖6–1–13　永懷素：蓮瓣蘭素花珍品，荷瓣花（開盛蘭苑攝影）

圖6–1–14　蓮瓣素：蓮瓣蘭素花。花形一般，但唇瓣起鉤不捲，頗有特色

圖6–1–15
春劍素：春劍素花，花色白

圖6–1–16
碧龍玉素：蓮瓣蘭素花名品

圖6–1–17
太白素：蓮瓣蘭素花。花形一般，但色澤佳

圖6–1–18　大葉鐵骨素：建蘭中較高品位素花，荷形花

圖6–1–19　素君荷：臺灣選育建蘭品種。花大，荷瓣，惜捧瓣開天窗

圖6–1–20　七仙女：臺灣素奇名品，唇瓣捧瓣化

圖6–1–21　山城綠：產於福建南靖的墨蘭素花

圖6-1-22　碧綠：墨蘭中矮種，花朵格局佳

圖6-1-23　吳字翠：墨蘭素花名品

圖6-1-24　雙美人：臺灣墨蘭名品，花葉雙藝。紅花，素黃舌，葉具線藝

圖6-1-25　寒素：寒蘭素花新品

(二)色 花

圖6-2-1
紅雙喜：春蘭朱金花，花色鮮豔

圖6-2-2
華夏紅花：春蘭朱金花。外瓣基部色較淡，為黃色

圖6-2-3
綠雲爪：傳統春蘭名品綠雲出藝。爪藝花，葉覆輪藝

圖6-2-4　花葉雙藝：春蘭複色花。綠花黃爪，葉亦具爪藝

圖6-2-5　欣玉：蕙蘭黃奇花，唇瓣捧瓣化

圖6-2-6　中華紅素：春劍高品位色花，花色鮮紅如血

圖6-2-7　嘉州紅：春劍粉紅色花

圖6-2-8
富士夕映：日本春蘭色花，無香

圖6-2-9
九州紅梅：豆瓣蘭色花名品。花色豔麗，外瓣略飄

圖6-2-10
紅霞疊翠：豆瓣蘭複色花。綠花，外瓣基部呈紅色

圖6–2–11　五彩祥龍：春劍複色花名品。花色豐富，綠、白、粉交相輝映，五彩繽紛

圖6–2–12　心心相印：蓮瓣蘭色花名品。荷形花，唇瓣鑲心形紅斑

圖6–2–13　龍袍：蓮瓣蘭黃色花名品，荷形花

圖6-2-14　邛玦：蓮瓣蘭複色花名品，飄門水仙瓣

圖6-2-15　貴夫人：臺灣建蘭白色花，花瓣質感佳，如脂似玉

圖6-2-16　市長紅：臺灣建蘭紅色花

圖6–2–17　金鳥：臺灣墨蘭複色花名品。黃花鑲紅覆輪，華麗

圖6–2–18　冠鳥：臺灣墨蘭複色花名品，紅花鑲黃覆輪

圖6–2–19　櫻姬：臺灣墨蘭紅色花名品。花平肩，色豔

圖6–2–20　火烈鳥：墨蘭紅色花。色彩濃重，紅得有點發紫

圖6–2–21　蠟燭紅：墨蘭紅色花，花紅似紅蠟燭

圖6–2–22　墨蘭紅花：墨蘭紅色花

圖6–2–23　新品：寒蘭複色花珍品。紅色水仙瓣花，鑲白覆輪

圖6-2-24
紅舌：寒蘭色花。紅舌鑲白覆輪，惜紅舌不淨

圖6-2-25
新品：寒蘭複色花珍品。花白綠複色，葉具中斑、中透藝

七、蘭花線藝蘭名品

在蘭花所有種類中，以墨蘭的線藝蘭品種最多，線藝在墨蘭中得到淋漓盡致的展示，從初級的爪藝、覆輪藝到高級的斑縞藝、寶藝等，藝性越來越複雜。

改革放開以來，隨著海峽兩岸交流的增多，臺灣的線藝蘭鑑賞的理念逐漸被大陸蘭友接受，大量線藝蘭也湧進大陸。因此，大陸現有墨蘭線藝品主要是臺灣品種，如「線藝四大天王」（瑞玉、大石門、金玉滿堂、龍鳳呈祥），以及萬代福、達摩、大勳、泗港水、鶴之華等。

受栽培習慣的影響，墨蘭栽培的地域性明顯。以地理位置與臺灣相鄰且傳統上有栽培墨蘭習慣的福建、廣東等地線藝蘭最多。

但其他地區在不同蘭花種類上也選育出了高品位的線藝蘭，如蓮瓣蘭北極星、春劍萬壽錦荷等。此外，也從日本、韓國引進了一些春蘭線藝名品。（圖7-1-1至圖7-1-26）

這些年，線藝蘭的玩賞追求花葉雙藝，在傳統的花藝名品中選育線藝品，如從大雪素、小雪素中選育出中斑藝、中斑縞線藝品，從建蘭觀音素中選育出縞藝線藝品，等等。這些品種的價位自然比其原有花藝品種高。

圖7-1-1
大雪嶺：日本春蘭花葉雙藝名品，花葉均為中透藝

作為墨蘭愛好者，可選購臺灣墨蘭線藝名品，其價位一般不高。作為非墨蘭愛好者，建蘭線藝品（如鳳、錦旗、福隆等）是不錯的選擇。至於其他蘭花種類的線藝品，尤其是花葉雙藝品，其價位相對來說比墨蘭、建蘭線藝品要高些。

圖7–1–2　金玉殿：日本春蘭花葉雙藝名品，花葉均為中透藝

圖7–1–3　雪山：日本春蘭花葉雙藝名品。葉為覆輪藝，花具大爪藝

圖7–1–4　守山虎：日本春蘭葉藝名品，虎斑藝

圖7–1–5　雙藝：春蘭花葉雙藝品。葉為覆輪藝，花為爪藝

圖7–1–6　曙光：春蘭花葉雙藝品。葉為覆輪藝，花為爪藝

圖7–1–7　泉林：春蘭花葉雙藝品。葉為覆輪藝，花為爪藝

圖7–1–8　金霓：春蘭花葉雙藝品。葉為覆輪藝，花為爪藝

圖7–1–9　皓月：春蘭花葉雙藝品。葉為覆輪藝，花為爪藝

圖7-1-10　春蘭爪藝：春蘭花葉雙藝品，花葉均具爪藝

圖7-1-11　覆輪花：蕙蘭花葉雙藝品，花葉均具覆輪藝

圖7-1-12　春劍線藝：春劍線藝品。中透藝，尚在進化中

圖7-1-13　萬壽錦荷：春劍花葉雙藝名品。葉中透藝、中斑藝，荷形複色花

圖7-1-14　北極星：蓮瓣蘭高品位葉藝品，中透藝

圖7-1-15　蓮瓣銀光：蓮瓣蘭中透藝。藝色明麗，非常珍貴

圖7-1-16　大雪素線藝：蓮瓣蘭素花名品大雪素出線藝，花葉雙藝

圖7–1–17
福隆：建蘭線藝名品，中斑藝、中透藝

圖7–1–18
鳳：建蘭線藝名品，中透藝

圖7–1–19
線藝：建蘭線藝品，由中斑藝向中透藝進化

圖7–1–20
達摩：臺灣墨蘭矮種、線藝名品，此品為中透藝

圖7–1–21
日向：臺灣墨蘭覆輪藝名品

圖7–1–22
泗港水：又稱翡翠玉，臺灣墨蘭中斑藝名品

圖7-1-23　金絲馬尾爪：建蘭花葉雙藝品。葉縞藝加爪藝，素花

圖7-1-24　大勳：臺灣墨蘭線藝名品。葉白覆輪藝，花為複色花

圖7-1-25　玉松：臺灣墨蘭線藝名品。葉中透藝，花為複色花

圖7-1-26　新品：寒蘭蛇皮斑藝

大展好書　好書大展

品嘗好書　冠群可期

大展好書　好書大展

品嘗好書　冠群可期